Rosner

Mathe gut erklärt Abitur 2025

Baden-Württemberg
Basisfach Mathematik
Allgemeinbildende Gymnasien

11. Auflage

Freiburger Verlag

Stefan Rosner, geb. 1979,
studierte Mathematik in
Mannheim und unterrichtet
seit 2005 in der Oberstufe.

Dieses Druckwerk wurde besonders nachhaltig produziert und ist mit dem europaweit geschützten Label **Books for Future** ausgezeichnet.

Books for Future®
umweltfreundliche Bücher aus Wertstoffkreisläufen
49/001/005/24
www.books-for-future.de

Insbesondere wurden bei dieser Produktion eingesetzt:

* umweltzertifizierte Papiere aus nachhaltiger Forstwirtschaft oder Recyclingprozessen
* schadstoff-freie Naturölfarben (kobaltfrei!)
* recycling-optimierte Kaschierung des Umschlags (kein Verbundstoff)

Printed in EU
www.freiburger-verlag.de

Inhaltsverzeichnis

Vorwort

Liebe Schülerinnen und Schüler,

dieses Buch und die Videos sollen Sie dabei unterstützen,

- sich in den letzten beiden Schuljahren optimal auf Klausuren und auf das **mündliche Abitur** in Mathematik vorzubereiten.
- sich alle Lehrplaninhalte anhand verständlicher und übersichtlicher Stoffzusammenfassungen anzueignen.
- durch Erfolge neue Motivation für das Fach Mathematik zu bekommen.

Liebe Fachkolleginnen und Fachkollegen,

dieses Buch und die Videos sollen Sie dabei unterstützen,

- die zeitintensive Stoffwiederholung, Klausur- und Abiturvorbereitung teilweise aus dem Unterricht auslagern zu können.
- auf diese Weise mehr Zeit für verständnisorientierten Unterricht zu gewinnen.
- sicherzustellen, dass Ihre Schülerinnen und Schüler über ausreichendes Basiswissen verfügen.

Videos

Über **60 Videos** des Autors, in welchen alle Stoffzusammenfassungen nochmals erklärt werden. Zugriff über Kurzadresse oder QR-Code aus dem Buch.

Mindmaps zu Beginn des jeweiligen Kapitels.

Funktionstypen

Ganzrationale Funktion

$f(x) = x^4 - 2x^3 - 1$

(S. 8)

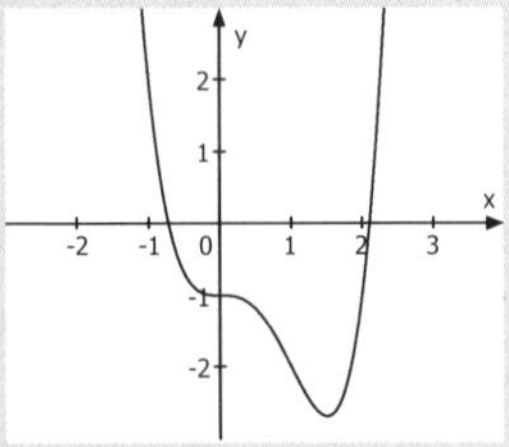

Exponentialfunktion

$f(x) = e^x - 2$

(S. 12)

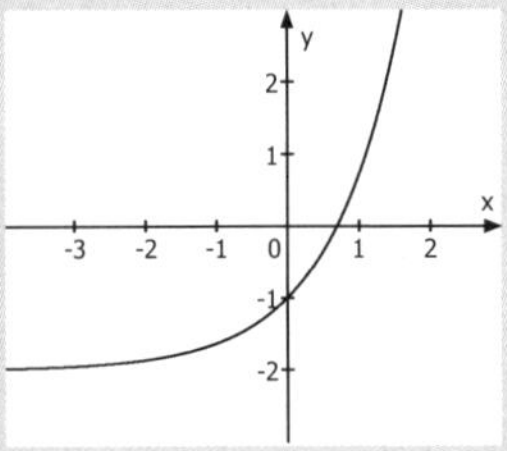

Trignonometrische Funktion

$f(x) = 2 \cdot \sin(x)$

(S. 14)

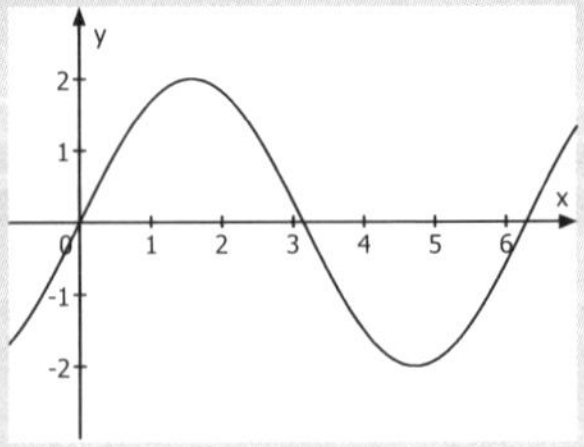

Analysis
Funktionen

Nullstellenansatz
$f(x) = (x+1)^2 \cdot (x-1)$
(S. 10)

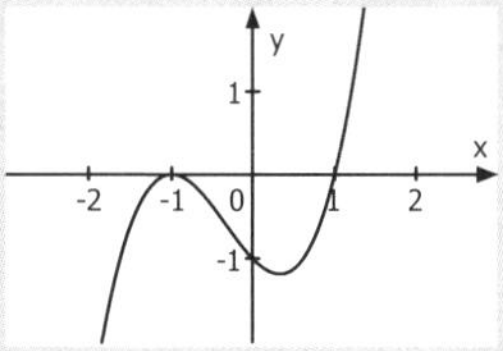

Symmetrie
…zur y-Achse
…zum Ursprung
(S.18)

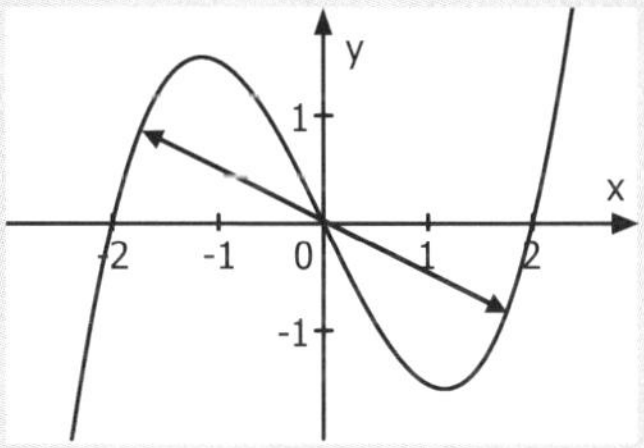

Spiegeln, Strecken
und Verschieben
(S.16)

1. Funktionen

1.1 Ganzrationale Funktionen (Polynome)

1. Grades (Geraden)	2. Grades (Parabeln)
Hauptform : $\boldsymbol{y = mx + b}$ Vorgehen zum Einzeichnen: $y = \frac{hoch / runter}{rechts} \cdot x +$ *y-Achsen-abschnitt* Steigung aus 2 Punkten: $m = \frac{y_2 - y_1}{x_2 - x_1}$ Steigungswinkel aus Steigung bestimmen: $m = \tan(\alpha)$ Parallele Geraden: $m_1 = m_2$ (gleiche Steigung) Senkrechte (orthogonale) Geraden: Steigungen sind negative Kehrwerte voneinander: $m_2 = -\frac{1}{m_1}$ bzw. $m_1 \cdot m_2 = -1$ 1. Winkelhalbierende: $y = x \quad (m = 1)$ 2. Winkelhalbierende: $y = -x \quad (m = -1)$	**Allg.:** $\boldsymbol{f(x) = ax^2 + bx + c}$ Scheitelpunkt-Ansatz: $f(x) = a \cdot (x - x_s)^2 + y_s$ mit $S(x_s \mid y_s)$ $a > 0$: nach oben geöffnet bzw. Verlauf von II nach I $a < 0$: nach unten geöffnet bzw. Verlauf von III nach IV Schnittpunkt mit y-Achse: $S_y(0 \mid c)$ Bei Symmetrie zur y-Achse: $f(x) = ax^2 + c$ (nur gerade Hochzahlen)

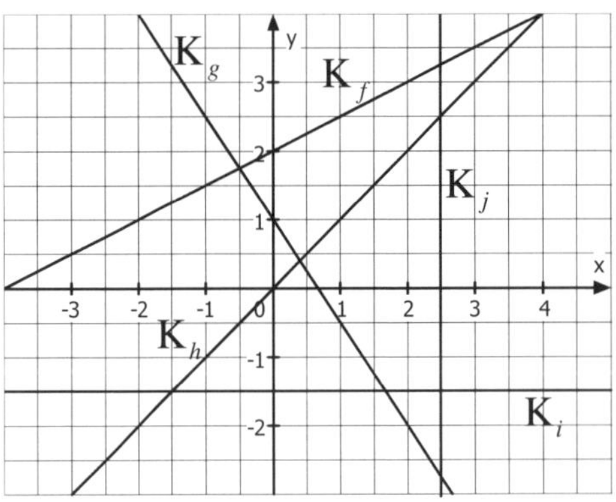

K_f: $y = \frac{1}{2}x + 2$ $\quad$ K_g: $y = -\frac{3}{2}x + 1$

K_h: $y = x$ (1. Winkelhalbierende)

K_i: $y = -1{,}5$ $\quad$ K_j: $x = 2{,}5$

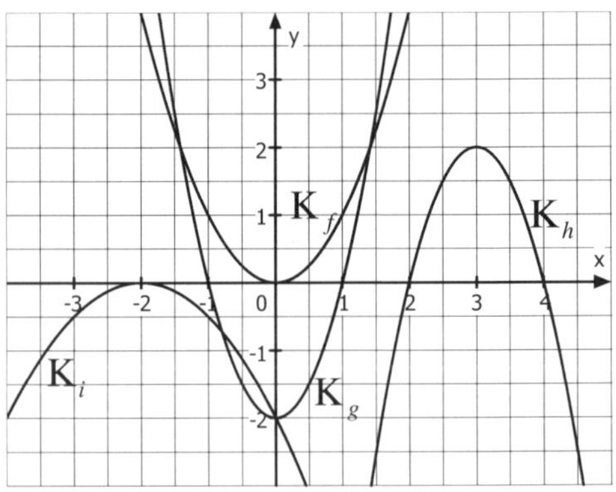

K_f: $f(x) = x^2$ $\quad$ K_g: $g(x) = 2x^2 - 2$

K_h: $h(x) = -2(x-3)^2 + 2$

K_i: $i(x) = -0{,}5x^2 - 2x - 2$

http://frv.tv/5s

3. Grades	4. Grades
Allg.: $\boldsymbol{f(x) = ax^3 + bx^2 + cx + d}$	**Allg.:** $\boldsymbol{f(x) = ax^4 + bx^3 + cx^2 + dx + e}$
$a > 0$: Verlauf von III nach I	$a > 0$: Verlauf von II nach I
$a < 0$: Verlauf von II nach IV	$a < 0$: Verlauf von III nach IV
Schnittpunkt mit y-Achse: $S_y(0 \mid d)$	Schnittpunkt mit y-Achse: $S_y(0 \mid e)$
Ansatz bei Symmetrie zum Ursprung: $f(x) = ax^3 + cx$ (nur ungerade Hochzahlen)	Ansatz bei Symmetrie zur y-Achse: $f(x) = ax^4 + cx^2 + e$ (nur gerade Hochzahlen)
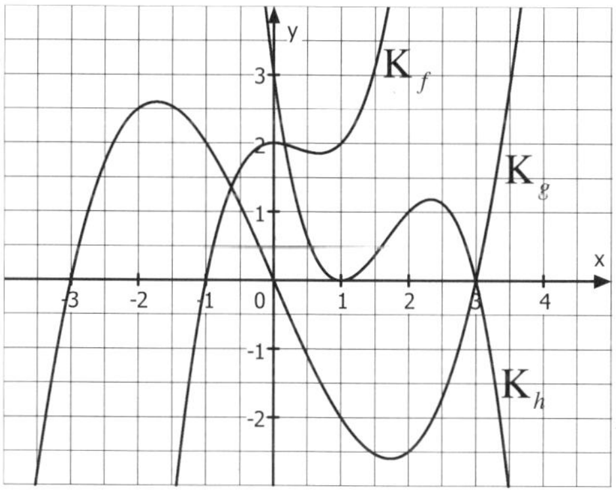	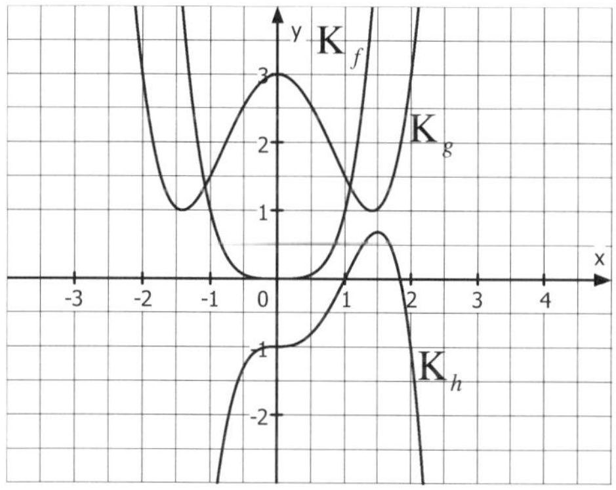
K_f: $f(x) = x^3 - x^2 + 2$ K_g: $g(x) = \frac{1}{4}x^3 - \frac{9}{4}x$ K_h: $h(x) = -x^3 + 5x^2 - 7x + 3$	K_f: $f(x) = x^4$ K_g: $g(x) = 0{,}5x^4 - 2x^2 + 3$ K_h: $h(x) = -x^4 + 2x^3 - 1$

Tipp (für alle ganzrationalen Funktionen)
$\boldsymbol{a > 0}$: Verlauf von ... nach **I** („endet **oben**")
$\boldsymbol{a < 0}$: Verlauf von ... nach **IV** („endet **unten**")

Die Quadranten

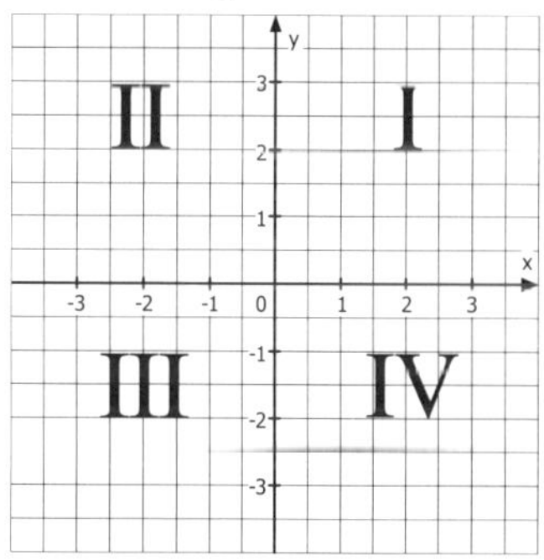

1.2 Der Nullstellenansatz und die Vielfachheit von Nullstellen

Beispiele

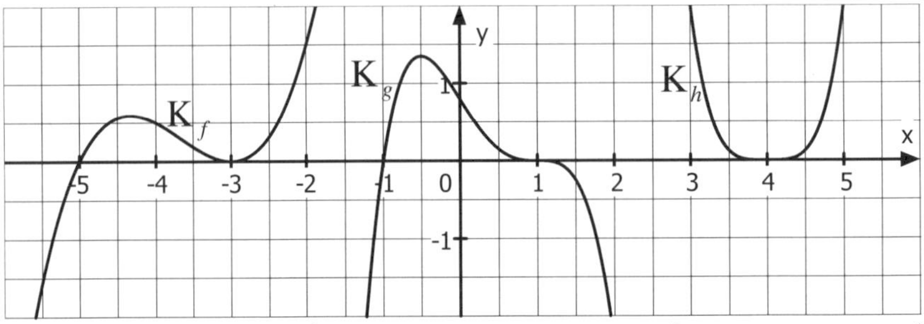

$K_f: f(x) = 0{,}5 \cdot (x+5) \cdot (x+3)^2$ $K_g: g(x) = -0{,}8 \cdot (x+1) \cdot (x-1)^3$ $K_h: h(x) = 2 \cdot (x-4)^4$

Aufbau des Nullstellenansatzes (am Beispiel)

$$g(x) = -0{,}8 \cdot (x+1) \cdot (x-1)^3$$

Verlauf von III nach IV	$x_0 = -1$ ist einfache Nullstelle	$x_{1/2/3} = +1$ ist dreifache Nullstelle

Übersicht (für ganzrationale Funktionen)

Vielfachheit Nullstelle	Faktor im Nullstellenansatz	Skizze	Beschreibung
Einfache Nullstelle: x_0	$f(x) = \ldots \cdot (x - x_0) \cdot \ldots$	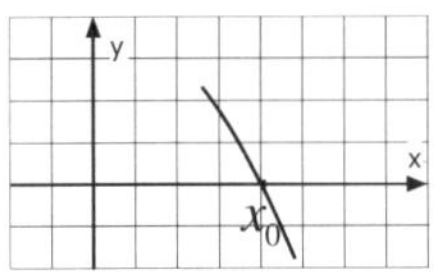	Schaubild **schneidet** x-Achse (mit Vorzeichenwechsel VZW)
Doppelte Nullstelle: x_0	$f(x) = \ldots \cdot (x - x_0)^2 \cdot \ldots$	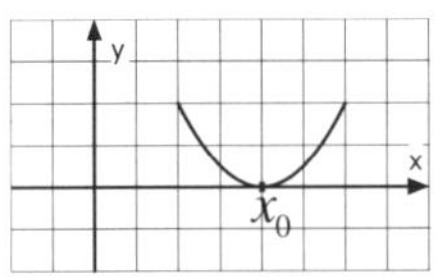	Schaubild **berührt** x-Achse (ohne VZW)
Dreifache Nullstelle: x_0	$f(x) = \ldots \cdot (x - x_0)^3 \cdot \ldots$	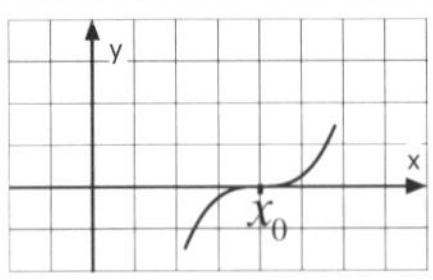	Schaubild **schneidet** und **berührt** x-Achse (mit VZW)
Vierfache Nullstelle: x_0	$f(x) = \ldots \cdot (x - x_0)^4 \cdot \ldots$	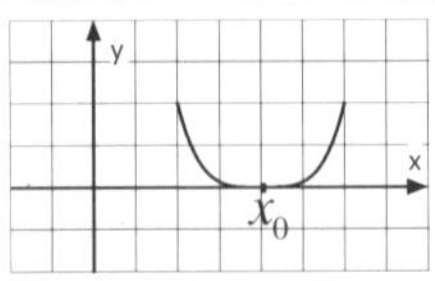	Schaubild **berührt** x-Achse (ohne VZW) („breiter" geformt als doppelte Nullstelle)

http://frv.tv/5t

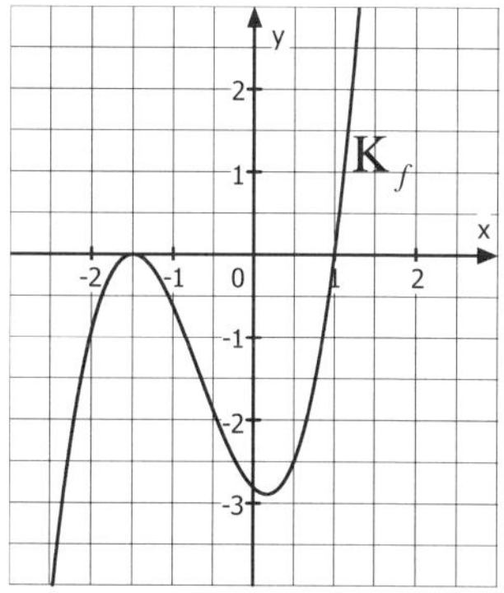

Beispiel
Gesucht ist der Funktionsterm zum nebenstehenden Schaubild.

Lösung
Da die Nullstellen $\left(x_{1/2} = -1{,}5;\ x_3 = 1\right)$ des Schaubildes ablesbar sind, kann der Nullstellenansatz der Funktion weitgehend aufgestellt werden:
$f(x) = a \cdot (x+1{,}5)^2 \cdot (x-1)$
Dann werden die Koordinaten eines weiteren Punktes, der kein Schnittpunkt mit der x-Achse ist, eingesetzt:
P(0,5 | −2,5):

$$\begin{aligned} f(x) &= a \cdot (x+1{,}5)^2 \cdot (x-1) \\ -2{,}5 &= a \cdot (0{,}5+1{,}5)^2 \cdot (0{,}5-1) \\ -2{,}5 &= -2a \\ \frac{5}{4} &= a \end{aligned}$$

$$\Rightarrow f(x) = \frac{5}{4} \cdot (x+1{,}5)^2 \cdot (x-1)$$

1.3 Exponentialfunktionen

1. Verlauf : $f(x) = e^x$

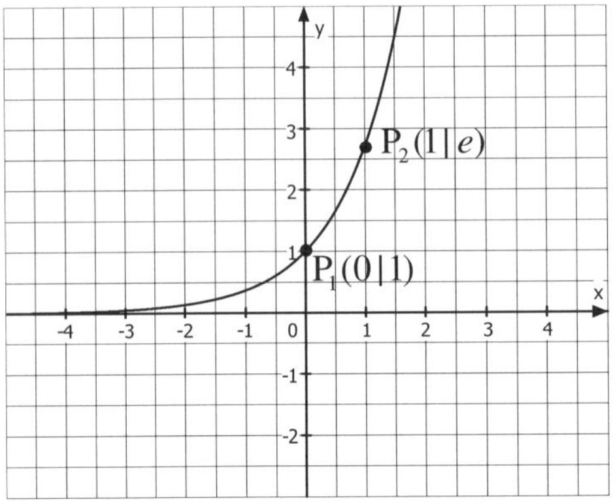

2. Spiegelungen

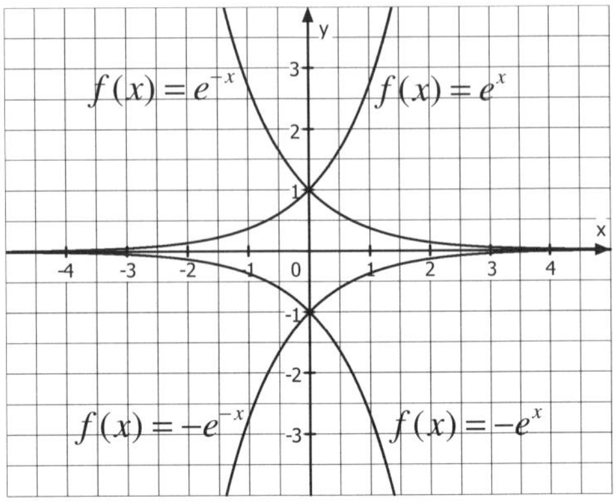

3. Koeffizienten in : $f(x) = a \cdot e^{b\cdot(x-c)} + d$

***a* - Streckung / Stauchung in *y*-Richtung**	$a > 1$:	„steiler“
	$0 < a < 1$:	„flacher“
	($a < 0$:	an der x-Achse gespiegelt)
***b* - ansteigendes oder fallendes Schaubild**	$b > 0$:	ansteigendes Schaubild
	$b < 0$:	fallendes Schaubild (bzw. an der y-Achse gespiegelt)
***c* - Verschiebung in *x*-Richtung**	$c > 0$:	nach rechts
	$c < 0$:	nach links
***d* - Verschiebung in *y*-Richtung**	$d > 0$:	nach oben
($y = d$ ist Asymptote)	$d < 0$:	nach unten

Vorsicht beim Koeffizienten *c*

Das Schaubild zu $f(x) = e^{x-3}$ wurde um 3 Einheiten nach *rechts* verschoben!
Der Koeffizient c hat hier den Wert $+3$, das Minuszeichen kommt vom allgemeinen Ansatz der Funktion.

Entsprechend $f(x) = e^{x+2}$: Verschiebung um 2 nach *links*!

http://frv.tv/7k

4. **Asymptoten** (Näherungsgeraden)

Beispielfunktion	**Asymptote**	**Schaubilder**
$f(x)=e^x$	$y=0$ (x–Achse) für $x \to -\infty$	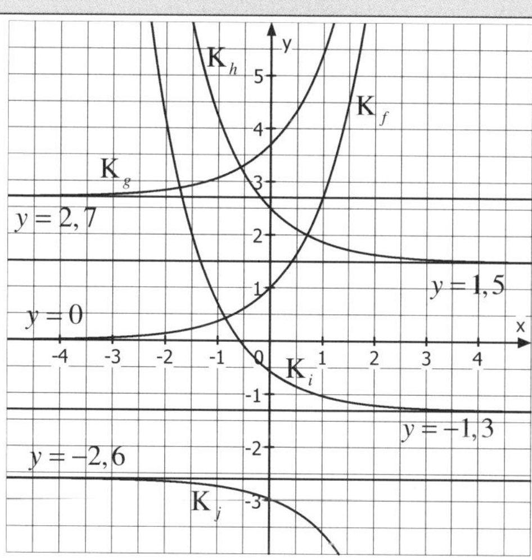
$g(x)=e^x+2,7$	$y=2,7$ für $x \to -\infty$	
$h(x)=e^{-x}+1,5$	$y=1,5$ für $x \to +\infty$	
$i(x)=2e^{-x-1}-1,3$	$y=-1,3$ für $x \to +\infty$	
$j(x)=-e^{x-1}-2,6$	$y=-2,6$ für $x \to -\infty$	

Regeln :

1. Asymptotengleichung : y =„Exponentialgleichung ohne $e^{\text{"...x"}}$“

2. Annäherungsrichtung : Bei $e^{\text{"}+x\text{"}}$ für $x \to -\infty$ bzw. **bei $e^{\text{"}-x\text{"}}$ für $x \to +\infty$**

5. Anwendungen

Wachstum mit $f(x)=e^{\text{"}+x\text{"}}$

Beispiel: Angelegter Geldbetrag vermehrt sich

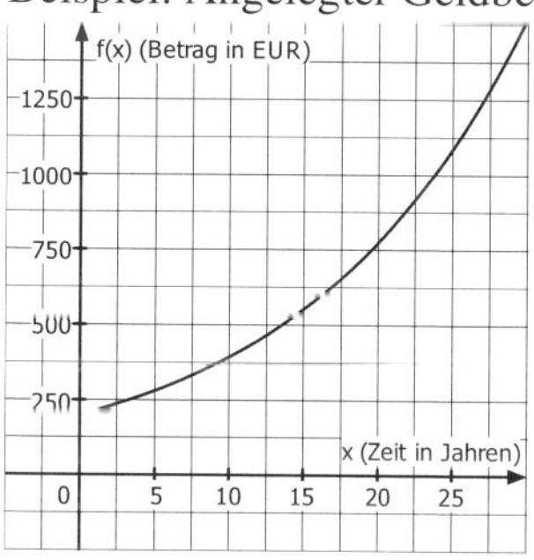

Zerfall mit $f(x)=e^{\text{"}-x\text{"}}$

Beispiel: Chemischer Stoff zerfällt

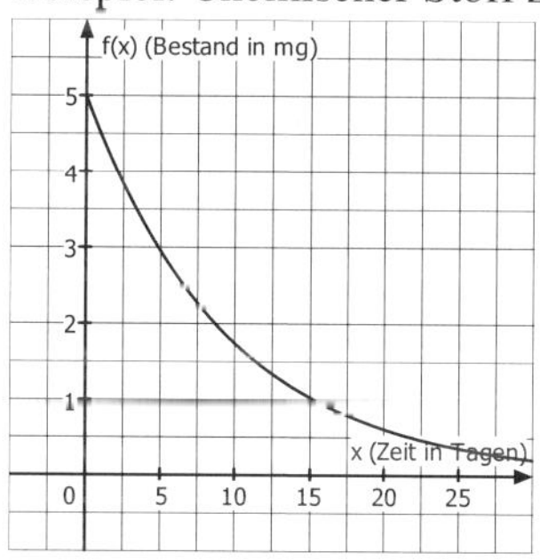

1.4 Trigonometrische Funktionen

1. Verlauf

$f(x) = \sin(x)$

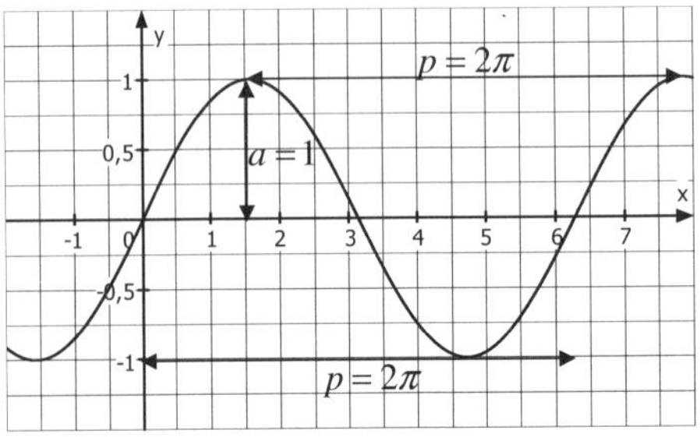

$f(x) = \cos(x)$

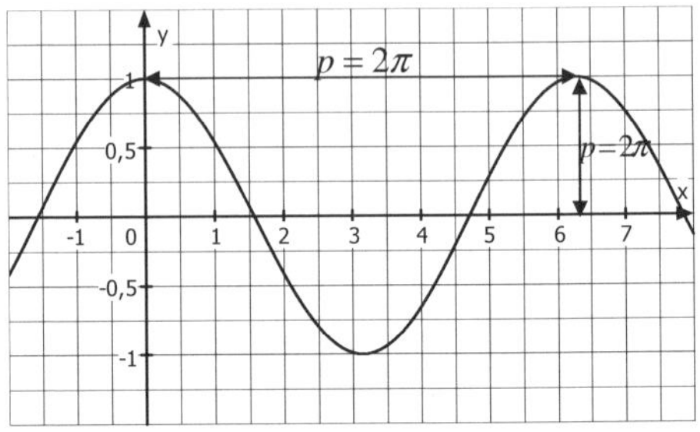

2. Koeffizienten: $f(x) = a \cdot \sin\big(b \cdot (x - c)\big) + d$ und $f(x) = a \cdot \cos\big(b \cdot (x - c)\big) + d$

***a* - Amplitude**
($|a|$, also „Zahl a ohne Vorzeichen“, gibt max. Abstand zur „Mittellinie“ an)
(Streckung in y-Richtung)

$\left(a < 0: \text{ an der } x\text{-Achse gespiegelt} \right)$ $\left(a = \frac{y_{\max} - y_{\min}}{2} \right)$

***b* - entscheidet Periodenlänge**
(„Dauer eines Durchlaufes“)
$\left(\text{Streckung in } x\text{-Richtung um } \frac{1}{b} \right)$

$b = \frac{2\pi}{p}$ (p entspricht der Periodenlänge)

***c* - Verschiebung in *x*-Richtung**

$c > 0$: nach rechts
$c < 0$: nach links

***d* - Verschiebung in *y* - Richtung**
(„Höhe der Mittellinie“)

$d > 0$: nach oben
$d < 0$: nach unten

$\left(d = \frac{y_{\max} + y_{\min}}{2} \right)$

Vorsicht beim Koeffizienten *c*

Das Schaubild zu $f(x) = \sin(x - 3)$ wurde um 3 Einheiten nach *rechts* verschoben!
Der Koeffizient c hat den Wert $+3$, das Minuszeichen kommt vom allgemeinen Ansatz der Funktion.

Entsprechend $f(x) = \sin(x + 2)$: Verschiebung um 2 nach *links*!

http://frv.tv/1e

Beispiel 1 (Zusätzlich ist das Schaubild von $f(x) = \sin(x)$ gestrichelt eingezeichnet.)

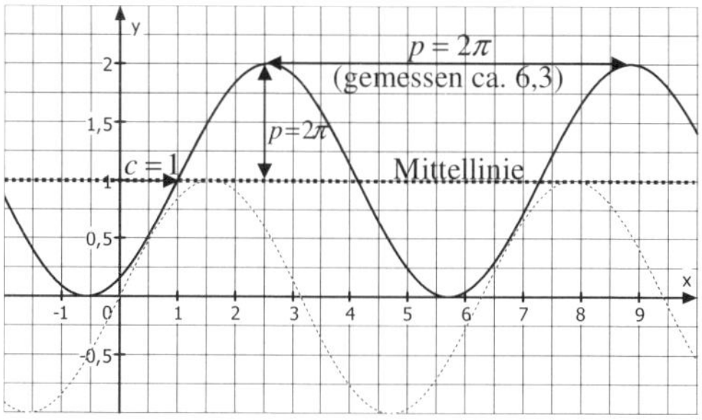

$\Rightarrow f(x) = \sin(x-1)+1$

$\left(\text{Alternativ: } f(x) = \cos(x-2{,}57)+1\right)$

Mit $\boldsymbol{f(x) = a \cdot \sin\left(b \cdot (x-c)\right) + d}$ **:**

- $d = 1$ Mittellinie auf Höhe $+1$ $\left(\text{oder mit } \frac{2+0}{2} = \frac{2}{2} = 1\right)$
- $a = 1$ (max. Abstand von 1 zur Mittellinie) $\left(\text{oder mit } \frac{2-0}{2} = \frac{2}{2} = 1\right)$
- $c = 1$ Verschiebung um 1 nach rechts
- $b = \frac{2\pi}{p} = \frac{2\pi}{2\pi} = 1$

Beispiel 2

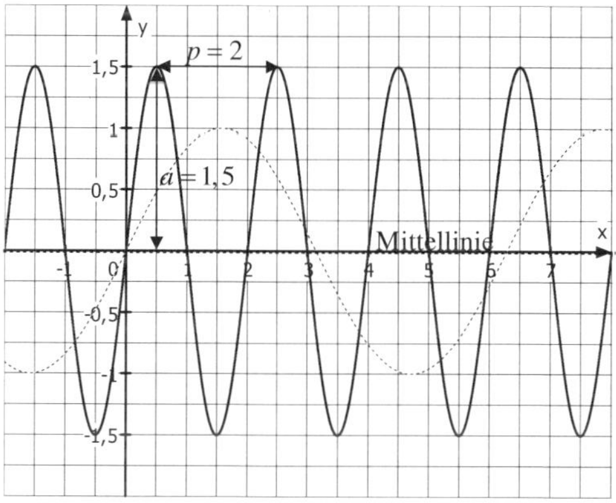

$\Rightarrow f(x) = 1{,}5 \cdot \sin(\pi \cdot x)$

$\left(\text{Alternativ: } f(x) = 1{,}5 \cdot \cos\left(\pi \cdot (x-0{,}5)\right)\right)$

Mit $\boldsymbol{f(x) = a \cdot \sin\left(b \cdot (x-c)\right) + d}$ **:**

- $d = 0$ Mittellinie auf Höhe 0 $\left(\text{oder mit } \frac{1{,}5+(-1{,}5)}{2} = \frac{0}{2} = 0\right)$
- $a = 1{,}5$ max. Abstand von 1,5 zur Mittellinie $\left(\text{oder mit } \frac{1{,}5-(-1{,}5)}{2} = \frac{3}{2}\right)$
- $c = 0$ keine Verschiebung bei sin
- $b = \frac{2\pi}{p} = \frac{2\pi}{2} = \pi$

3. Anwendungen

Periodische Vorgänge, also Vorgänge, die sich in gleichen Zeitabschnitten wiederholen, werden oft mit trigonometrischen Funktionen modelliert.

Beispiel: Wasserstand bei Ebbe und Flut

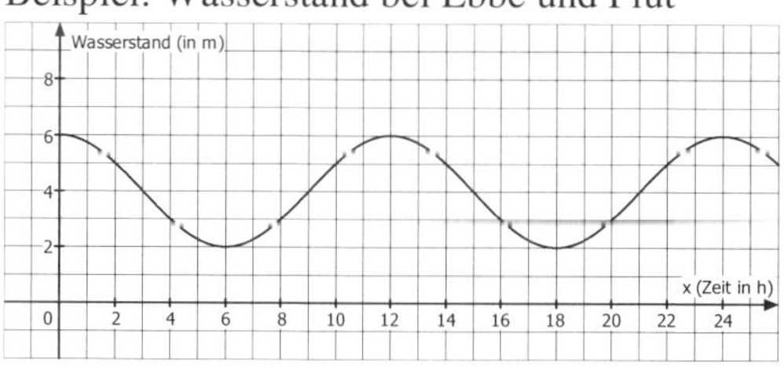

1.5 Übersicht: Spiegeln, Strecken und Verschieben $f(x) \rightarrow$

	Spiegeln an ...		**Strec-**
	... x - Achse	**... y - Achse**	**... y - Richtung**
$f(x)=x^2$	$g(x)=-x^2$ 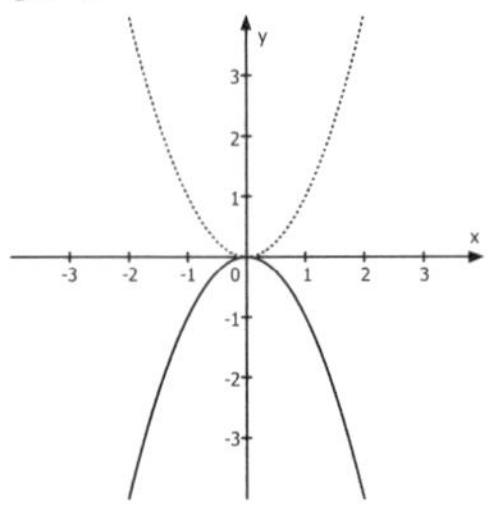	$g(x)=(-x)^2=x^2$ 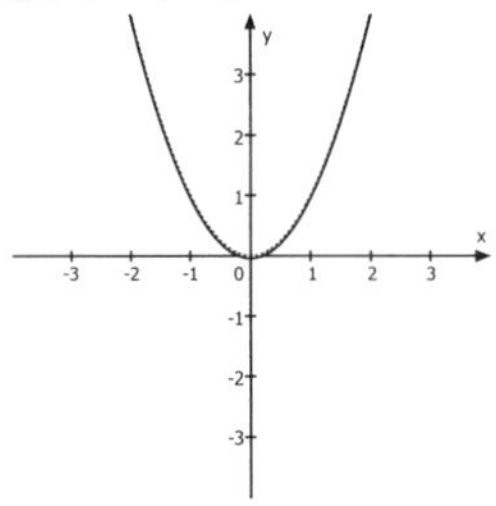	$g(x)=2\cdot x^2$ 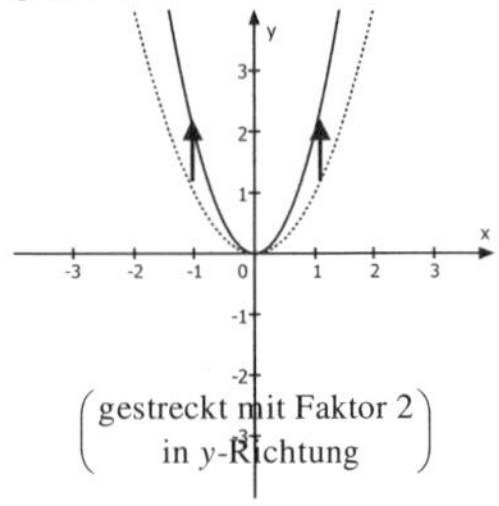
$f(x)=e^x$	$g(x)=-e^x$ 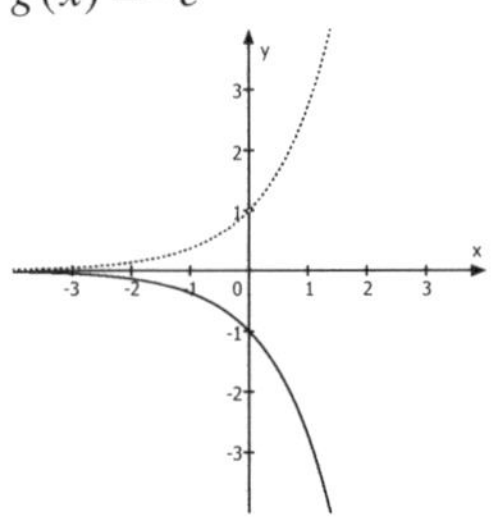	$g(x)=e^{-x}$ 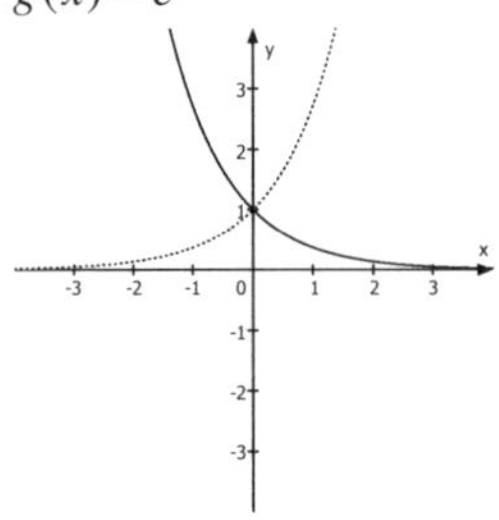	$g(x)=0{,}5\cdot e^x$ 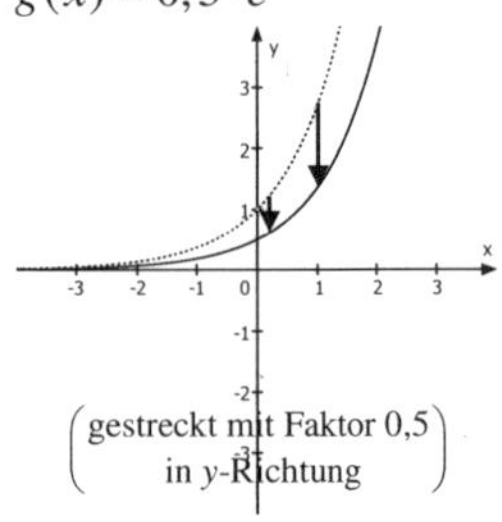
$f(x)=\sin(x)$	$g(x)=-\sin(x)$ 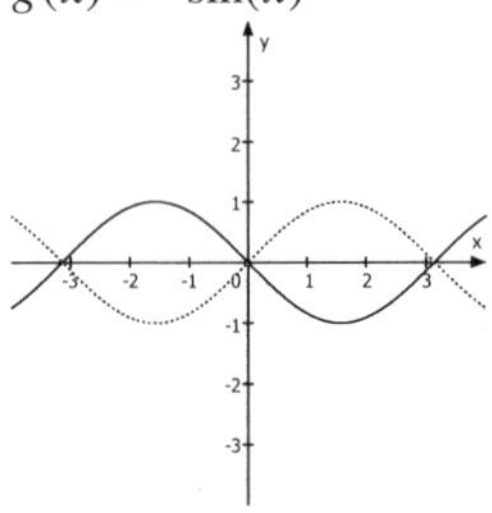	$g(x)=\sin(-x)$ 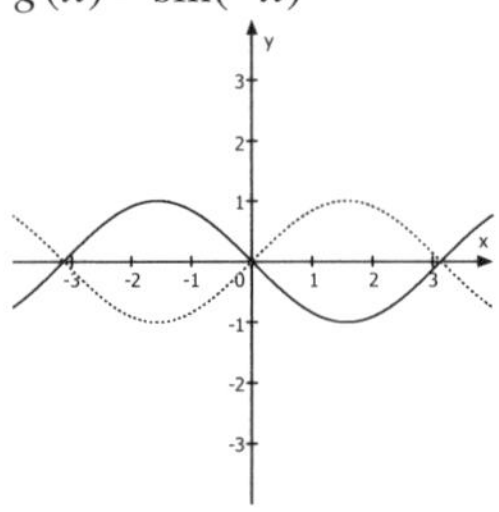	$g(x)=2\cdot\sin(x)$ 
	$g(x)=-f(x)$ „–“ vor Funktionsterm	$g(x)=f(-x)$ „x“ durch „$-x$“ ersetzt	$g(x)=\boldsymbol{a}\cdot f(x)$ Streckung mit Faktor $\lvert \boldsymbol{a} \rvert$ in y-Richtung

http://frv.tv/1f

$\rightarrow \quad \boldsymbol{g(x) = a \cdot f(b \cdot (x - c)) + d}$

ken in ...	**Verschieben in ...**	
... *x* - Richtung	**... *y* - Richtung**	**... *x* - Richtung**
$g(x) = (2x)^2 = 4x^2$ 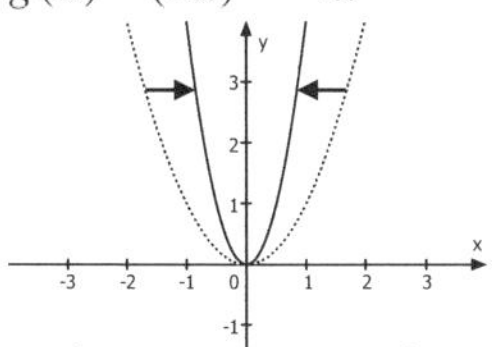 $\left(\text{gestreckt mit Faktor } \frac{1}{2} \text{ in } x\text{-Richtung}\right)$	$g(x) = x^2 - 2$ 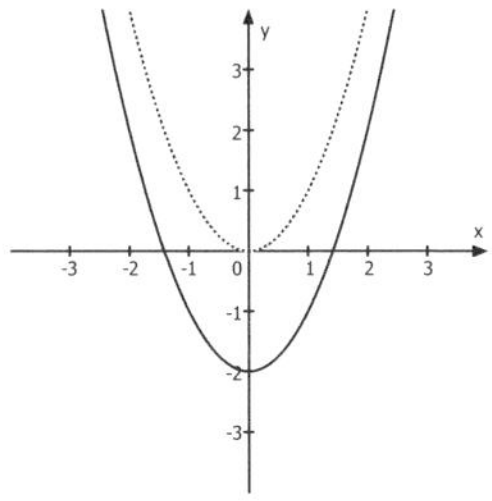	$g(x) = (x-2)^2$ 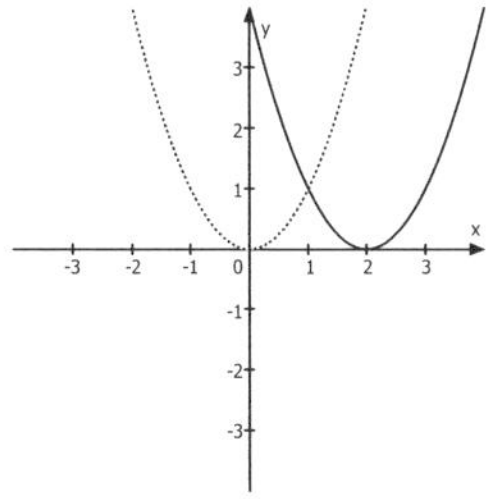
$g(x) = e^{0,5x}$ 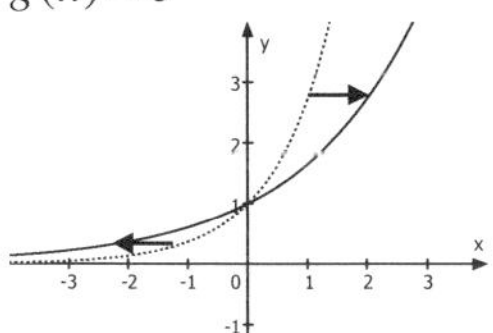 $\left(\text{gestreckt mit Faktor } \frac{1}{0,5} = 2 \text{ in } x\text{-Richtung}\right)$	$g(x) = e^x + 2$ 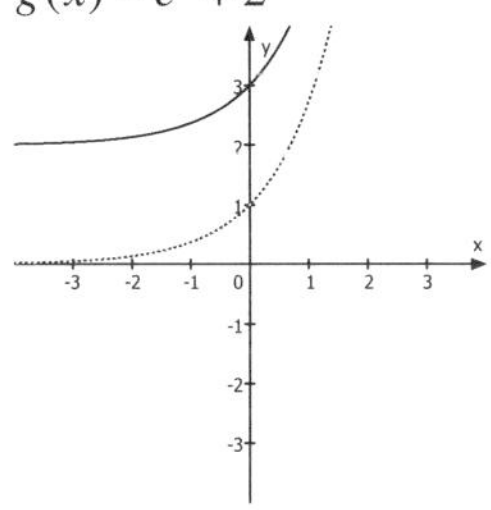	$g(x) = e^{x-2}$ 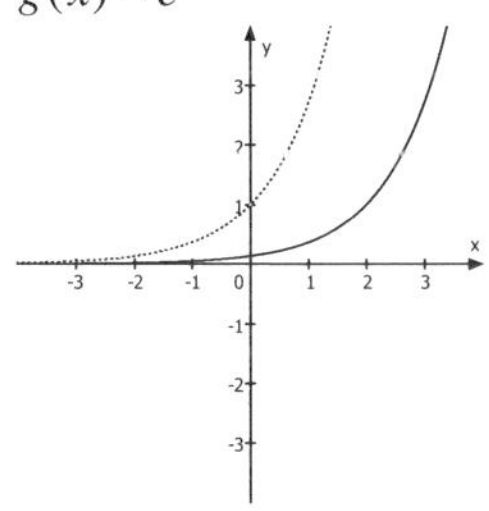
$g(x) = \sin(2x)$ 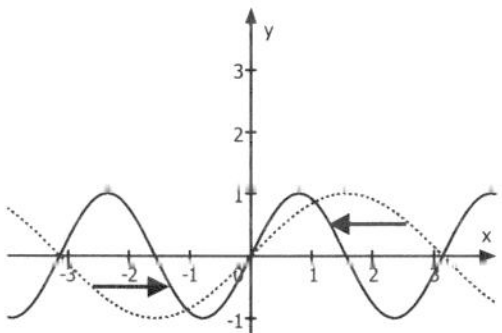 $\left(\text{gestreckt mit Faktor } \frac{1}{2} \text{ in } x\text{-Richtung}\right)$	$g(x) = \sin(x) + 2$ 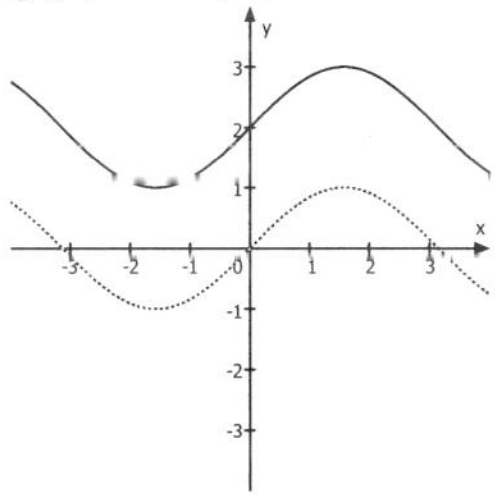	$g(x) = \sin(x+2)$ 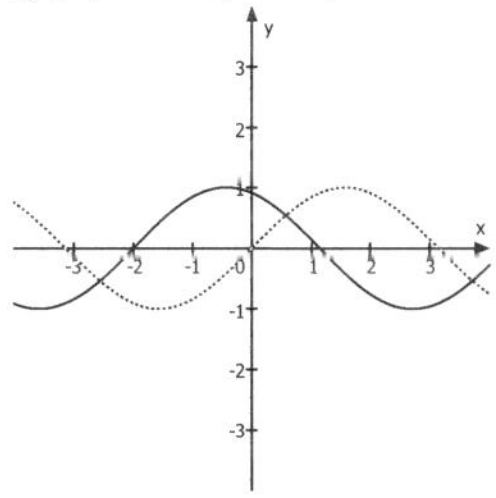
$g(x) = f(\boldsymbol{b} \cdot x)$ Streckung mit Faktor $\frac{\mathbf{1}}{\lvert \boldsymbol{b} \rvert}$ in *x*-Richtung	$g(x) = f(x) \pm \boldsymbol{d}$ z.B. $\ldots+2$: Versch. nach oben $\ldots-2$: Versch. nach unten	$g(x) = f(x \pm \boldsymbol{c})$ z.B. $(x-2)$: V. nach rechts $(x+2)$: V. nach links

1.6 Symmetrie zur y-Achse bzw. zum Ursprung

Bei **ganzrationalen Funktionen** kann anhand der **Hochzahlen** (nur **gerade** bzw. **ungerade** Hochzahlen oder gemischt) entschieden werden, ob ein gegebenes Schaubild symmetrisch zur y-Achse bzw. zum Ursprung ist, oder ob keine dieser beiden Symmetriearten vorliegt.

Bei **anderen Funktionstypen** müssen hingegen die **allgemeinen Bedingungen** zur Symmetrieuntersuchung verwendet werden.

1. Allgemeine Bedingung für Achsensymmetrie zur y-Achse: $f(-x) = f(x)$

Bedingung in Worten

An den Stellen x und $-x$ sind die y-Werte gleich groß.

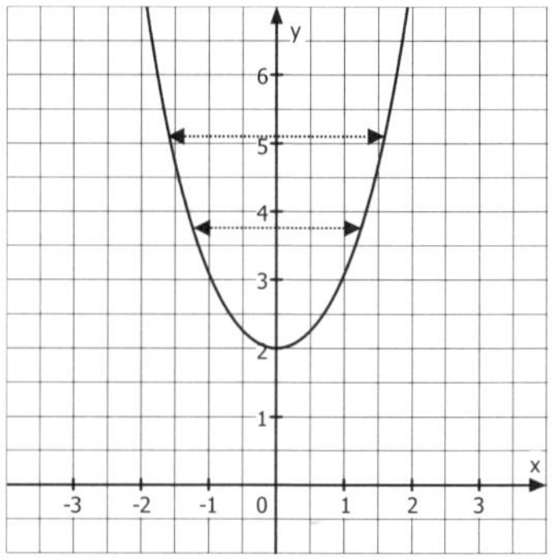

Beispiel

Ist das Schaubild der Funktion f mit $f(x) = e^{-x} + e^{x}$ achsensymmetrisch zur y-Achse?

$$\left.\begin{array}{l} f(-x) = e^{-(-x)} + e^{-x} = \underline{e^{x} + e^{-x}} \\ f(x) = \underline{e^{-x} + e^{x}} \end{array}\right\} \begin{array}{l} \text{Es gilt:} \\ f(-x) = f(x) \end{array}$$

$\Rightarrow$ Somit symmetrisch zur y-Achse!

2. Allgemeine Bedingung für Punktsymmetrie zum Ursprung: $f(-x) = -f(x)$

Bedingung in Worten

An den Stellen x und $-x$ haben die y-Werte den gleichen „Zahlenwert“, jedoch mit verschiedenen Vorzeichen. Mit dem Minuszeichen vor $f(x)$ sind die Werte gleich.

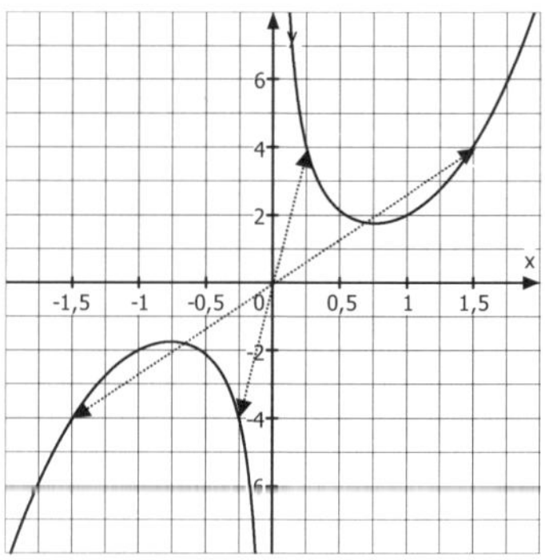

Beispiel

Ist das Schaubild der Funktion f mit $f(x) = x^3 + \frac{1}{x}$ punktsymmetrisch zum Ursprung?

$$\left.\begin{array}{l} f(-x) = (-x)^3 + \frac{1}{-x} = \underline{-x^3 - \frac{1}{x}} \\ -f(x) = -\left(x^3 + \frac{1}{x}\right) = \underline{-x^3 - \frac{1}{x}} \end{array}\right\} \begin{array}{l} \text{Es gilt:} \\ f(-x) = -f(x) \end{array}$$

$\Rightarrow$ Somit punktsymmetrisch zum Ursprung!

http://frv.tv/1h

1.7 Umgang mit Funktionen: Rechenansätze

Aufgabenstellung	Rechenansatz	
y-Wert bei $x = 2$?	$\boldsymbol{f(2)} = \ldots$	(x - *Wert einsetzen, ausrechnen*)
Schnittpunkt mit y-Achse?	$\boldsymbol{f(0)} = \ldots$	(*0 für x einsetzen, ausrechnen*)
x-Wert bei $y = 5$?	$\boldsymbol{f(x) = 5}$	($f(x)$ *gleich* y - *Wert setzen, Gleichung lös.*)
Schnittpunkt mit x-Achse?	$\boldsymbol{f(x) = 0}$	($f(x)$ *gleich 0 setzen, Gleichung lösen*)
Liegt P(2 | 3) auf K_f?	$\boldsymbol{f(2) = 3}$	(Punktprobe: x - *und* y - *Wert einsetzen*)
Schnittpunkt von K_f mit K_g ?	$\boldsymbol{f(x) = g(x)}$	(*gleichsetzen, Gleichung lösen*)

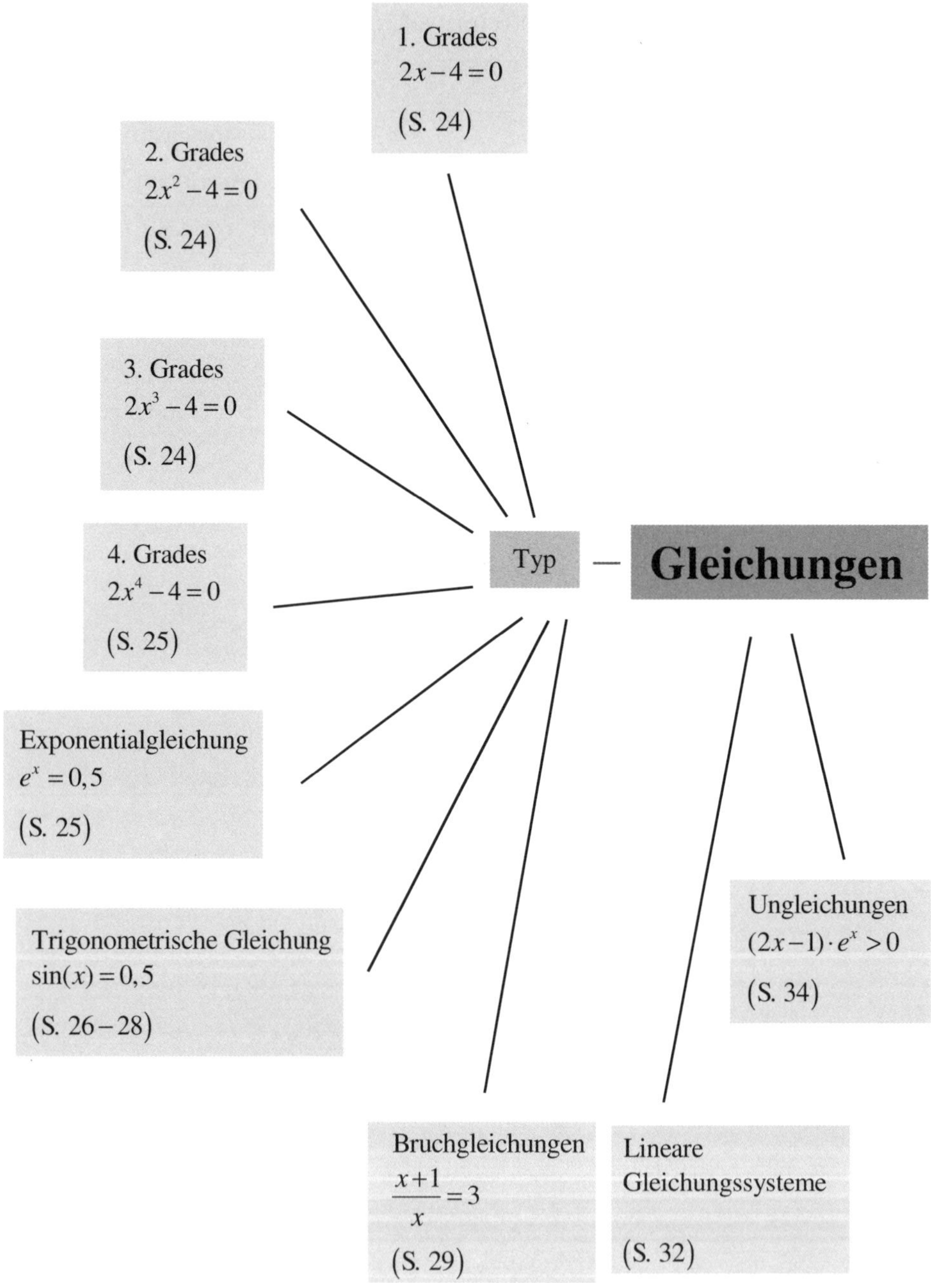
Gleichungen
Typ
1. Grades
$2x-4=0$
(S. 24)
2. Grades
$2x^2-4=0$
(S. 24)
3. Grades
$2x^3-4=0$
(S. 24)
4. Grades
$2x^4-4=0$
(S. 25)
Exponentialgleichung
$e^x=0,5$
(S. 25)
Trigonometrische Gleichung
$\sin(x)=0,5$
(S. 26–28)
Bruchgleichungen
$\frac{x+1}{x}=3$
(S. 29)
Lineare Gleichungssysteme
(S. 32)
Ungleichungen
$(2x-1)\cdot e^x>0$
(S. 34)

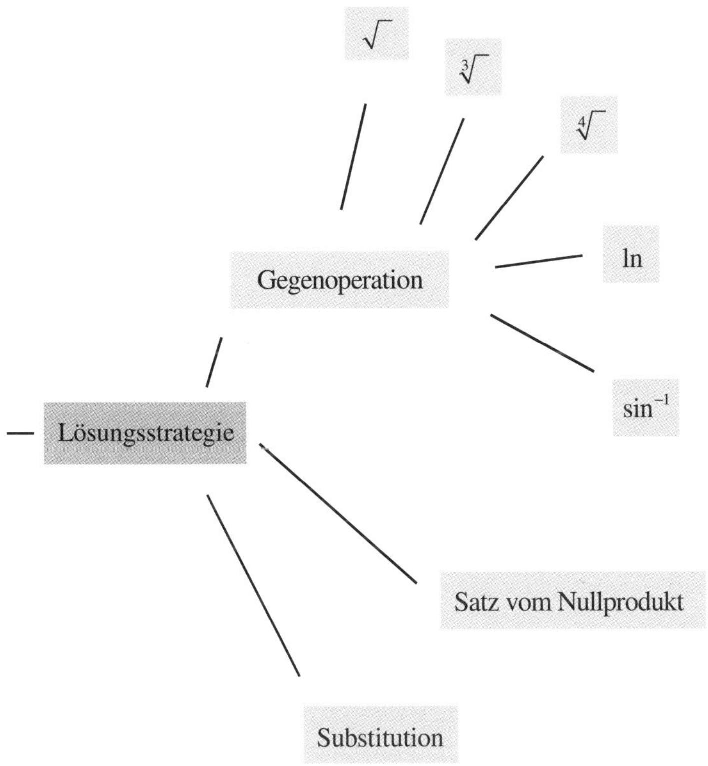
$\sqrt{\ }$
$\sqrt[3]{\ }$
$\sqrt[4]{\ }$
ln
Gegenoperation
$\sin^{-1}$
Lösungsstrategie
Satz vom Nullprodukt
Substitution

2. Gleichungen

2.1 Gleichungstypen: Übersicht

	Typ 1	**Typ 2**
Gleichung 1. Grades (linear) (S. 24)	$2x-4=0$	
Gleichung 2. Grades (quadratisch) (S. 24)	$2x^2-4=0$	$2x^2-4x=0$
Gleichung 3. Grades (S. 24)	$2x^3-4=0$	$2x^3-4x=0$
Gleichung 4. Grades (S. 24)	$2x^4-4=0$	$2x^4-4x=0$
Exponentialgleichung (S. 24)	$e^x=0{,}5$ oder $e^{2x-1}=0{,}5$	$2e^{2x}-e^x=0$
Sinusgleichung (S. 28)	$\sin(x)=0{,}5$	
Kosinusgleichung (S. 28)	$\cos(x)=0{,}5$	
Merkmal	umformbar auf $\left\{\begin{matrix} x \\ x^2 \\ x^3 \\ x^4 \\ e^x \text{ oder } e^{\text{„nicht nur } x\text{“}} \\ \sin(x) \\ \cos(x) \end{matrix}\right\} = \ldots$	Alle Summanden enthalten mindestens x (bzw. e^x/ $\sin(x)$/ $\cos(x)$). Kein Summand besteht nur aus einer „Zahl“. Somit kann „etwas mit x“ ausgeklammert werden.
Lösungsvorgehen	**Gegenoperation** $\left\{\begin{matrix} : \\ \sqrt{} \\ \sqrt[3]{} \\ \sqrt[4]{} \\ \ln \\ \sin^{-1} \\ \cos^{-1} \end{matrix}\right\}$	(evtl.) Ausklammern; **Satz vom Nullprodukt** (S. 30)

Abkürzung: ... steht für eine Zahl.

http://frv.tv/1i

Typ 3	**Typ 4**	**Bruchgleichung**
		$\frac{3x^2-6x}{x-2}=0$ Kein eigener Gleichungstyp: „Durchmultiplizieren“ mit dem Hauptnenner führt stets auf einen der Gleichungstypen 1 bis 4. (S. 27)
$x^2-8x+15=0$		
	$x^4-8x^2+15=0$	
	$e^{2x}-8e^x+15=0$	
umformbar auf $...x^2+...x+...=0$	$\left.\begin{array}{l} ...x^4 + ...x^2 + ... \\ ...e^{2x} + ...e^x + ... \end{array}\right\} = 0$	
abc - bzw. **pq - Formel**	**Substitution führt auf** $\boldsymbol{...z^2+...z+...=0}$; abc- bzw. pq-Formel; **Rücksubstitution**	

Bemerkung: Eine Gleichung, die keinem dieser Gleichungstypen zuordenbar ist, kann meist nicht „von Hand“ gelöst werden.

2.2 Gleichungstypen: Konkretes Lösungsvorgehen

1. Polynomgleichungen

Typ 1 **Gegenoperation**	**Typ 2** **Satz vom Nullprodukt**	**Typ 3** **abc -** bzw. **pq - Formel**
$2x-4=0 \quad \vert +4$ $2x=4 \quad \vert :2$ $x=2$		
$2x^2-4=0 \quad \vert +4$ $2x^2=4 \quad \vert :2$ $x^2=2 \quad \vert \sqrt{\ }$ $x_1=\sqrt{2}\approx 1{,}41$ $x_2=-\sqrt{2}\approx -1{,}41$	$2x^2-4x=0$ $x \cdot (2x-4)=0$ **S. v. Nullpr.** $x_1=0 \qquad 2x-4=0$ $2x=4$ $x_2=2$	$x^2-8x+15=0$ mit **abc - Formel**: $(a=1;\ b=-8;\ c=15)$ $x_{1/2}=\frac{-b\pm\sqrt{b^2-4ac}}{2a}$ $=\frac{8\pm\sqrt{8^2-4\cdot 15}}{2}$ $=\frac{8\pm 2}{2}$ $x_1=5; \quad x_2=3$ oder mit **pq - Formel**: $x_{1/2}=-\frac{p}{2}\pm\sqrt{\left(\frac{p}{2}\right)^2-q}$ (*Bei dieser Formel muss vor dem* x^2 *stets eine* $+1$ *stehen!*)
$2x^3-4=0 \quad \vert +4$ $2x^3=4 \quad \vert :2$ $x^3=2 \quad \vert \sqrt[3]{\ }$ $x=\sqrt[3]{2}$ $x\approx 1{,}26$	$2x^3-4x=0$ $x \cdot (2x^2-4)=0$ **S. v. Nullpr.** $x_1=0 \qquad 2x^2-4=0$ $2x^2=4$ $x^2=2 \quad \vert \sqrt{\ }$ $x_2=\sqrt{2}\approx 1{,}41$ $x_3=-\sqrt{2}\approx -1{,}41$	

http://frv.tv/1j

Typ 1 **Gegenoperation**	**Typ 2** **Satz vom Nullprodukt**	**Typ 4** **Substitution führt zu** $\ldots z^2 + \ldots z + \ldots = 0$
$2x^4-4=0 \quad \vert +4$ $2x^4=4 \quad \vert :2$ $x^4=2 \quad \vert \sqrt[4]{\ }$ $x_1=\sqrt[4]{2}\approx 1{,}19$ $x_2=-\sqrt[4]{2}\approx -1{,}19$	$2x^4-4x=0$ $x\cdot\left(2x^3-4\right)=0$ **S. v. Nullpr.** $x_1=0 \qquad 2x^3-4=0$ $2x^3=4$ $x^3=2$ $x_2=\sqrt[3]{2}$ $x_2\approx 1{,}26$	$x^4-8x^2+15=0$ **Substitution :** $\left(x^4=z^2;\ x^2=z\right)$ $z^2-8z+15=0$ $z_{1/2}=\frac{8\pm\sqrt{8^2-4\cdot 15}}{2}$ (abc-Formel) $=\frac{8\pm 2}{2}$ $z_1=5; \qquad z_2=3$ **Rücksubstitution :** $x^2=5 \qquad x^2=3$ $x_1=\sqrt{5}\approx 2{,}34 \qquad x_3=\sqrt{3}\approx 1{,}73$ $x_2=-\sqrt{5}\approx -2{,}34 \qquad x_4=-\sqrt{3}\approx -1{,}73$

2. Exponentialgleichungen

Typ 1 **Gegenoperation**	**Typ 2** **Satz vom Nullprodukt**	**Typ 4** **Substitution führt zu** $\ldots z^2 + \ldots z + \ldots = 0$
$e^x=0{,}5 \quad \vert \ln$ $x=\ln(0{,}5)$ $x\approx -0{,}69$ oder $e^{2x-1}=0{,}5 \quad \vert \ln$ $2x-1=\ln(0{,}5) \quad \vert +1$ $2x=\ln(0{,}5)+1 \quad \vert :2$ $x=\frac{\ln(0{,}5)+1}{2}$ $x\approx 0{,}153$	$2e^{2x}-e^x=0$ $e^x\cdot(2e^x-1)=0$ **S. v. Nullpr.** $e^x=0 \qquad 2e^x-1=0$ $x=\ln(0) \qquad e^x=0{,}5$ keine Lösung $\quad x=\ln(0{,}5)$ $x\approx -0{,}69$	$e^{2x}-8e^x+15=0$ **Substitution :** $\left(e^{2x}=z^2;\ e^x=z\right)$ $z^2-8z+15=0$ $z_{1/2}=\frac{8\pm\sqrt{8^2-4\cdot 15}}{2}$ (abc-F.) $=\frac{8\pm 2}{2}$ $z_1=5; \qquad z_2=3$ **Rücksubstitution :** $e^x=5 \qquad e^x=3$ $x_1=\ln(5)\approx 1{,}6 \qquad x_2=\ln(3)\approx 1{,}1$

3. Trigonometrische Gleichungen

Vorgehen und Erklärung am Beispiel

Sinusgleichung $\sin(x) = 0{,}5$	**Kosinusgleichung** $\cos(x) = 0{,}5$

1. Schritt : x_1 durch WTR (Einstellung: *rad*)	
$\sin(x) = 0{,}5 \quad \mid \sin^{-1}$ $x = \sin^{-1}(0{,}5)$ $x_1 = \frac{1}{6}\pi \approx 0{,}52$	$\cos(x) = 0{,}5 \quad \mid \cos^{-1}$ $x = \cos^{-1}(0{,}5)$ $x_1 = \frac{1}{3}\pi \approx 1{,}05$

2. Schritt : x_2 aus x_1 berechnen	
$x_2 = \boldsymbol{\pi} - x_1 \approx \boldsymbol{\pi} - 0{,}52 \approx 2{,}62$	$x_2 = \boldsymbol{2\pi} - x_1 \approx \boldsymbol{2\pi} - 1{,}05 \approx 5{,}23$

Erklärung

In den unten stehenden Koordinatensystemen werden die Gleichungen $\sin(x) = 0{,}5$ und $\cos(x) = 0{,}5$ veranschaulicht.

Jeder x-Wert, welcher eine Lösung der Gleichung $\sin(x) = 0{,}5$ darstellt, muss bei der Kurve zu einem Punkt mit y-Wert 0,5 führen. Bei $x_1 \approx 0{,}52$, der ersten Lösung der Gleichung, erreicht die Kurve einen Punkt mit diesem y-Wert. Bevor die Kurve bei $x = \pi$ die x-Achse durchquert, erreicht es jedoch abermals, beim gesuchten x-Wert x_2, einen Punkt mit dem y-Wert $0{,}5$.

Aufgrund der Achsensymmetrie des Schaubildes muss der Abstand zwischen x_2 und π dem Abstand zwischen 0 und x_1 entsprechen und damit x_1 bzw. 0,52 betragen. Hierdurch kann x_2 errechnet werden: $x_2 = \boldsymbol{\pi} - x_1 \approx \boldsymbol{\pi} - 0{,}52 \approx 2{,}62$.

Im Unterschied hierzu führt die Achsensymmetrie des Schaubildes der Kosinusfunktion dazu, dass x_2 errechnet werden kann, indem x_1 von 2π subtrahiert wird: $x_2 = \boldsymbol{2\pi} - x_1$.

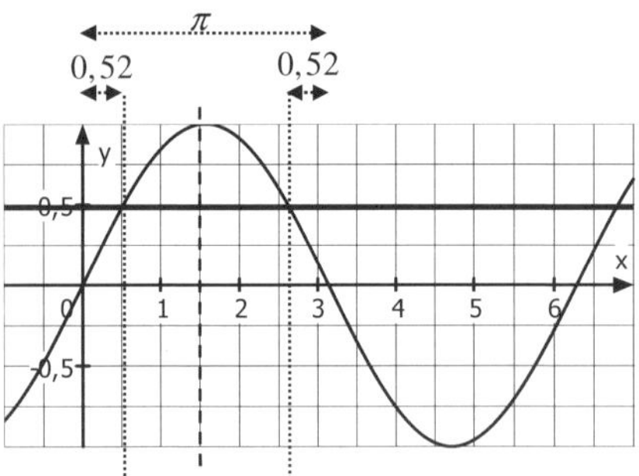

$\boldsymbol{x_1 = 0{,}52}$ $\boldsymbol{x_2 = 2{,}62}$ $(\pi - 0{,}52)$

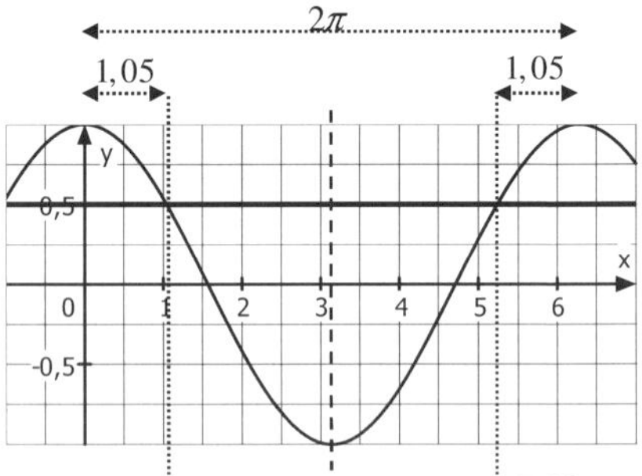

$\boldsymbol{x_1 = 1{,}05}$ $\boldsymbol{x_2 = 5{,}23}$ $(2\pi - 1{,}05)$

http://frv.tv/5w

3. Schritt : Weitere Lösungen der Gleichung berechnen	
$x \approx 0,52 \pm 1 \cdot 2\pi$; $x \approx 0,52 \pm 2 \cdot 2\pi$; ... und $x \approx 2,62 \pm 1 \cdot 2\pi$; $x \approx 2,62 \pm 2 \cdot 2\pi$; ...	$x \approx 1,05 \pm 1 \cdot 2\pi$; $x \approx 1,05 \pm 2 \cdot 2\pi$; ... und $x \approx 5,23 \pm 1 \cdot 2\pi$; $x \approx 5,23 \pm 2 \cdot 2\pi$; ...

Erklärung (Am Beispiel: $\sin(x) = 0,5$)

Das Schaubild einer Sinus- oder Kosinusfunktion besitzt eine Periodenlänge von 2π ($\approx 6,3$). Nach dem Durchlaufen einer Periode wiederholt sich stets ihr Ablauf.
Die Sinuskurve erreicht beim x-Wert von 0,52 einen Punkt mit y-Wert 0,5.
Eine Periode „später", beim x-Wert von $0,52 + 1 \cdot 2\pi$ ($\approx 6,8$) erreicht die Kurve jedoch ebenfalls einen Punkt mit diesen y-Wert.
Ebenso gelangt man zu einer weiteren Lösung, indem man beispielsweise 4 Periodenlängen subtrahiert und beim x-Wert $0,52 - 4 \cdot 2\pi \approx -24,61$ landet.
Insgesamt gesehen erhält man aus den beiden Basislösungen $x_1 \approx 0,52$ und $x_2 \approx 2,62$ alle weiteren Lösungen, indem man zu diesen schlicht eine beliebige Anzahl von Periodenlängen (2π) addiert oder subtrahiert.

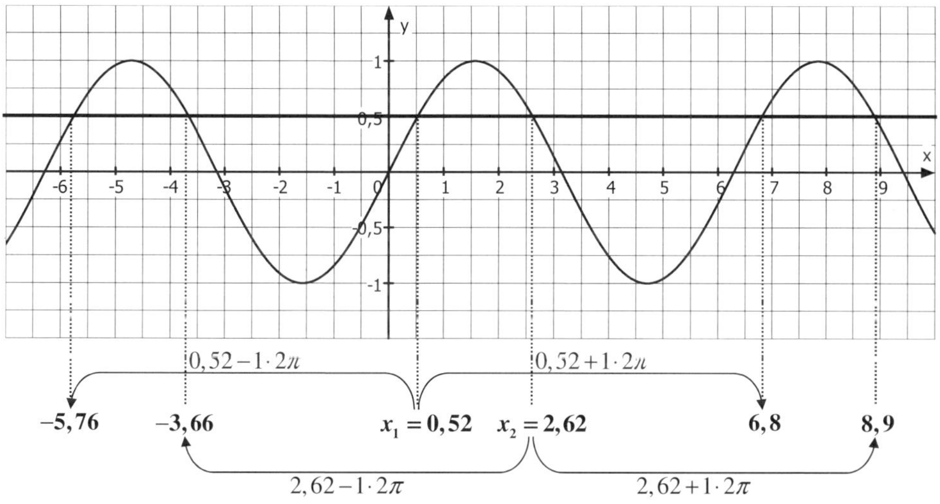

Konkretes Lösungsvorgehen bei trigonometrischen Gleichungen

Das Vorgehen zur Lösung von Sinus- und Kosinusgleichungen erfolgt weitgehend analog. Ein grundsätzlicher Unterschied besteht lediglich im 2. Schritt bei der Berechung von x_2. Deshalb werden hier die verschiedenen Gleichungstypen nur anhand von Sinusgleichungen dargestellt.

Sinusgleichung **Typ 1** **Gegenoperation**	**Kosinusgleichung** **Typ 1** **Gegenoperation**
$\sin(x) = 0{,}5 \quad \vert \sin^{-1}$ $x = \sin^{-1}(0{,}5)$ $x_1 = \frac{1}{6}\pi$ (WTR) $x_2 = \pi - x_1 = \pi - \frac{1}{6}\pi = \frac{5}{6}\pi$ weitere Lösungen: $x = \frac{1}{6}\pi \pm 1 \cdot 2\pi; \quad x = \frac{1}{6}\pi \pm 2 \cdot 2\pi; \quad ...$ und $x = \frac{5}{6}\pi \pm 1 \cdot 2\pi; \quad x = \frac{5}{6}\pi \pm 2 \cdot 2\pi; \quad ...$	$\cos(x) = 0{,}5 \quad \vert \cos^{-1}$ $x = \cos^{-1}(0{,}5)$ $x_1 = \frac{1}{3}\pi$ (WTR) $x_2 = 2\pi - x_1 = 2\pi - \frac{1}{3}\pi = \frac{5}{3}\pi$ weitere Lösungen: $x = \frac{1}{3}\pi \pm 1 \cdot 2\pi; \quad x = \frac{1}{3}\pi \pm 2 \cdot 2\pi; \quad ...$ und $x = \frac{5}{3}\pi \pm 1 \cdot 2\pi; \quad x = \frac{5}{3}\pi \pm 2 \cdot 2\pi; \quad ...$

Einziger Unterschied

Sinusgleichung: $\boldsymbol{x_2 = \pi - x_1}$

Kosinusgleichung: $\boldsymbol{x_2 = 2\pi - x_1}$

Hinweis: Bei Kosinusgleichungen ebenfalls möglich: $\boldsymbol{x_2 = -x_1}$

http://frv.tv/5x

4. Bruchgleichungen (Zusatz)

Beispiel 1

$$\frac{x+1}{x}=3$$

1. Definitionsmenge bestimmen

$x=0$ („Nenner = 0“)

$D=\mathbb{R}\setminus\{0\}$ (alle reellen Zahlen außer 0)

2. Lösen der Gleichung

$$\begin{aligned}\frac{x+1}{x}&=3 &&|\cdot x\\ x+1&=3x &&|-x\\ 1&=2x &&|:2\\ \frac{1}{2}&=x\end{aligned}$$

3. Lösungsmenge notieren

$L=\left\{\frac{1}{2}\right\}$

Beispiel 2

$$\frac{3x^2-6x}{x-2}=0$$

1. Definitionsmenge bestimmen

$x-2=0 \quad |+2$ („Nenner = 0“)

$x=2$

$D=\mathbb{R}\setminus\{2\}$ (alle reellen Zahlen außer 2)

2. Lösen der Gleichung

$$\begin{aligned}\frac{3x^2-6x}{x-2}&=0 &&|\cdot(x-2)\\ 3x^2-6x&=0\\ x\cdot(3x-6)&=0\end{aligned}$$

S. v. Nullpr.

$x_1=0 \qquad 3x-6=0 \quad |+6$

$3x=6 \quad |:2$

$x_2=2$

3. Lösungsmenge notieren

$L=\{0\}$

($x_2=2$ nicht, da nicht in D)

Hinweise

- „Durchmultiplizieren“ mit dem Hauptnenner führt stets auf einen der bekannten Gleichungstypen 1 bis 4. Deshalb stellen Bruchgleichungen selbst auch keinen „eigenen Gleichungstyp“ dar.
- x-Werte, welche im Nennerterm der Ausgangsgleichung zu einem Wert von 0 führen, gehören nicht zur Definitionsmenge der Gleichung und dürfen damit nicht in diese eingesetzt werden (da man sonst durch 0 teilen würde). Ein solcher x-Wert kann demnach auch nicht Lösung der Gleichung sein (siehe Beispiel 2).

Bruchgleichungen

Eine Nullstelle des Nenners kann nicht Lösung sein.

2.3 Goldene Regeln zum Lösen von Gleichungen

1. Regel: Der Satz vom Nullprodukt als wichtiges Werkzeug

- **Wozu?**

Eine schwierige Gleichung kann hiermit in zwei (oder mehr) einfache Gleichungen zerlegt werden.

- **Beispiel:**

$$e^{2x}x^2 - 2x^2 = 0 \qquad (\textit{schwierige Gleichung})$$

$$\underline{x^2 \cdot (e^{2x} - 2) = 0}$$

S. v. Nullpr.

(einfache Gl.)

$x^2 = 0 \quad |\sqrt{\ }$

$x_{1/2} = 0$

(einfache Gl.)

$e^{2x} - 2 = 0 \quad |+2$

$e^{2x} = 2 \quad |\ln$

$2x = \ln(2) \quad |:2$

$x_3 = \dfrac{\ln(2)}{2}$

- **Wann anwendbar?**

Wenn eine Gleichung in der Form: $\underline{\text{Faktor 1} \cdot \text{Faktor 2} \cdot \ldots = 0}$ gegeben ist, oder durch Ausklammern auf diese Form gebracht werden kann. Die Gleichung sollte also insbesondere kein Absolutglied („keine Zahl ohne x") enthalten.

„Mischgleichungen" wie $e^x x^2 - 2x^2 = 0$, die beispielsweise sowohl Polynombausteine (x^2) als auch Exponentialbausteine (e^x) enthalten, können in der Regel nur über den Satz vom Nullprodukt von Hand gelöst werden.

- **Weshalb gilt der Satz vom Nullprodukt?**

Wenn zwei Zahlen multipliziert werden, sodass das Ergebnis die Zahl 0 ist, kann dies nur gelingen, wenn die eine oder die andere der beiden Zahlen selbst 0 ist.
(*Oder haben Sie ein Gegenbeispiel?*)
Übertragen auf die obige Gleichung $x^2 \cdot (e^{2x} - 2) = 0$ kann das Produkt aus x^2 und $(e^{2x} - 2)$ nur dann zu 0 werden, wenn entweder x^2 oder $(e^{2x} - 2)$ den Wert 0 annimmt. Deshalb werden alle x-Werte berechnet, die mindestens einen dieser beiden Faktoren zu 0 machen.

2. Regel: Das Teilen durch x ist VERBOTEN

- **Falsch:**

$$\begin{aligned} 4x^2 &= x \quad &&|:x \\ 4x &= 1 &&|:4 \\ x &= 0,25 \end{aligned}$$

- **Grund:** $x_2 = 0$ ist eine weitere Lösung dieser Gleichung (Probe!), diese ging jedoch im Lösungsvorgang „verloren", da durch x geteilt wurde.

- **Stattdessen: Satz vom Nullprodukt**

$$\begin{aligned} 4x^2 &= x \quad &&|-x \\ 4x^2 - x &= 0 \\ x \cdot (4x-1) &= 0 \end{aligned}$$

S. v. Nullpr.

$$x_1 = 0 \qquad \begin{aligned} 4x-1 &= 0 \quad &&|+1 \\ 4x &= 1 &&|:4 \\ x_2 &= 0,25 \end{aligned}$$

- **Bemerkung:** Hingegen ist das Teilen durch e^x erlaubt (da $e^x \neq 0$).

3. Regel: Gleichungen näherungsweise mit dem WTR lösen (Zusatz)

Alle Gleichungen können (näherungsweise) mit dem WTR gelöst werden, indem die Nullstellen der zugehörigen Funktionen (näherungsweise) im TABLE-Menü ermittelt werden. Dies wird durch schrittweises „Verfeinern" von Wertetabellen erreicht.

Beispiel: Lösung der Gleichung $e^x = x^2$?

Zugehörige Funktion: $f(x) = e^x - x^2$; (Ansatz für Nullstelle: $e^x - x^2 = 0$)

1. „Grobe" Wertetabelle (Schrittweite: 1):
Nullstelle liegt zwischen $x = -1$ und $x = 0$
da hier Vorzeichenwechsel.

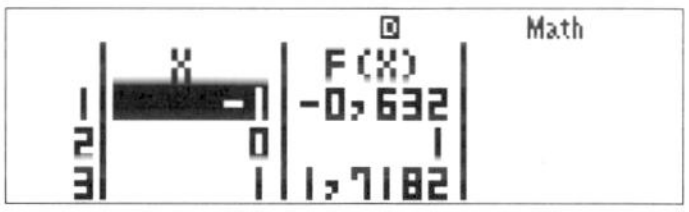

2. „Feinere" Wertetabelle (Schrittweite: 0,1):
Nullstelle liegt zwischen $x = -0,8$ und $x = -0,7$
da hier Vorzeichenwechsel.

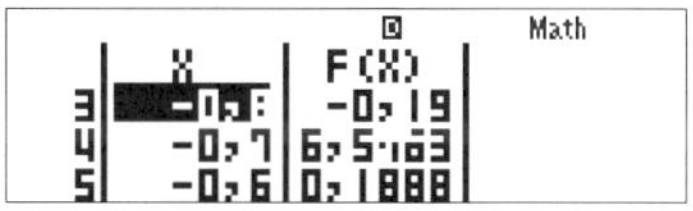

3. „Noch feinere" Wertetabelle (Schrittweite: 0,01):
Nullstelle liegt zwischen $x = -0,71$ und $x = -0,70$
da hier Vorzeichenwechsel.

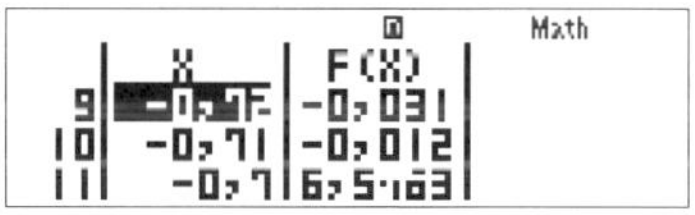

Mittelwert $x \approx -0,705$ als (näherungsweise) Lösung für Nullstelle und Gleichung.

Hinweis: Bei einigen WTR-Typen können x-Werte auch direkt eingegeben (und y-Werte hieraus berechnet) werden. Dies beschleunigt den obigen Prozess deutlich.

2.4 Lineare Gleichungssysteme

1. Lösungsvorgehen (an Beispielen)

Beispiel 1

$$\begin{aligned} 2a+b+c &= 5 \\ -2a+3c &= -1 \\ 2a+2b-2c &= 2 \end{aligned}$$

$$\left(\begin{array}{ccc|c} 2 & 1 & 1 & 5 \\ -2 & 0 & 3 & -1 \\ 2 & 2 & -2 & 2 \end{array}\right) \begin{array}{l} \\ \text{I}+\text{II} \\ \text{II}+\text{III} \end{array}$$

$$\left(\begin{array}{ccc|c} 2 & 1 & 1 & 5 \\ 0 & 1 & 4 & 4 \\ 0 & 2 & 1 & 1 \end{array}\right) \begin{array}{l} \\ \\ 2\cdot\text{II}-\text{III} \end{array}$$

$$\left(\begin{array}{ccc|c} 2 & 1 & 1 & 5 \\ 0 & 1 & 4 & 4 \\ \mathbf{0} & \mathbf{0} & \mathbf{7} & \mathbf{7} \end{array}\right)$$

LGS hat
eindeutige Lösung

III: $7c=7$
$c=1$

in II: $b+4\cdot 1=4$
$b=0$

in I: $2a+0+1=5$
$a=2$

Beispiel 2

$$\begin{aligned} 2a-2b+c &= -2 \\ a-c &= 1 \\ -a-2b+4c &= 0 \end{aligned}$$

$$\left(\begin{array}{ccc|c} 2 & -2 & 1 & -2 \\ 1 & 0 & -1 & 1 \\ -1 & -2 & 4 & 0 \end{array}\right) \begin{array}{l} \\ \text{I}-2\cdot\text{II} \\ \text{II}+\text{III} \end{array}$$

$$\left(\begin{array}{ccc|c} 2 & -2 & 1 & -2 \\ 0 & -2 & 3 & -4 \\ 0 & -2 & 3 & 1 \end{array}\right) \begin{array}{l} \\ \\ \text{II}-\text{III} \end{array}$$

$$\left(\begin{array}{ccc|c} 2 & -2 & 1 & -2 \\ 0 & -2 & 3 & -4 \\ \mathbf{0} & \mathbf{0} & \mathbf{0} & \mathbf{-5} \end{array}\right)$$

LGS hat
keine Lösung

da III: $0c=-5$
(Widerspruch)

Beispiel 3

$$\begin{aligned} 2a-3b+4c &= 1 \\ -2a+2b-2c &= 2 \\ a-b+c &= -1 \end{aligned}$$

$$\left(\begin{array}{ccc|c} 2 & -3 & 4 & 1 \\ -2 & 2 & -2 & 2 \\ 1 & -1 & 1 & -1 \end{array}\right) \begin{array}{l} \\ \text{I}+\text{II} \\ \text{I}-2\cdot\text{III} \end{array}$$

$$\left(\begin{array}{ccc|c} 2 & -3 & 4 & 1 \\ 0 & -1 & 2 & 3 \\ 0 & -1 & 2 & 3 \end{array}\right) \begin{array}{l} \\ \\ \text{II}-\text{III} \end{array}$$

$$\left(\begin{array}{ccc|c} 2 & -3 & 4 & 1 \\ 0 & -1 & 2 & 3 \\ \mathbf{0} & \mathbf{0} & \mathbf{0} & \mathbf{0} \end{array}\right)$$

LGS hat
unendlich viele Lösungen

da III: $0=0$
(wahre Aussage)

Hinweis: Sobald bei zwei Gleichungen in der ersten Spalte eine Null steht, sollte nur noch mit diesen beiden Gleichungen gerechnet werden. Grund: Wenn die andere Gleichung mit einbezogen wird, verschwindet eine Null aus der ersten Spalte wieder.

http://frv.tv/5y

2. Übersicht (vereinfacht)

Gegebenes LGS: $\left(\begin{array}{ccc|c} \bullet & \bullet & \bullet & \bullet \\ \bullet & \bullet & \bullet & \bullet \\ \bullet & \bullet & \bullet & \bullet \end{array}\right)$

↓

Umformungen :
- Zeile mit Zahl multiplizieren bzw. durch Zahl dividieren (außer 0)
- Vielfache von Zeilen addieren oder subtrahieren
- Zeilentausch
- Spaltentausch

LGS in Dreiecksform: $\left(\begin{array}{ccc|c} \bullet & \bullet & \bullet & \bullet \\ 0 & \bullet & \bullet & \bullet \\ 0 & 0 & \bullet & \bullet \end{array}\right)$

Letzte Zeile entscheidet über Lösbarkeit

$\left(\begin{array}{ccc|c} \bullet & \bullet & \bullet & \bullet \\ 0 & \bullet & \bullet & \bullet \\ \mathbf{0} & \mathbf{0} & \mathbf{\neq 0} & \bullet \end{array}\right)$

LGS hat
eine Lösung

$\left(\begin{array}{ccc|c} \bullet & \bullet & \bullet & \bullet \\ 0 & \bullet & \bullet & \bullet \\ \mathbf{0} & \mathbf{0} & \mathbf{0} & \mathbf{\neq 0} \end{array}\right)$

LGS hat
keine Lösung

$\left(\begin{array}{ccc|c} \bullet & \bullet & \bullet & \bullet \\ 0 & \bullet & \bullet & \bullet \\ \mathbf{0} & \mathbf{0} & \mathbf{0} & \mathbf{0} \end{array}\right)$

LGS hat **unendlich viele Lösungen**

Homogenes LGS

- Falls auf der **„rechten Seite“** eines LGS alle Zahlen den Wert **0** haben, wird das LGS als **homogen** bezeichnet.
- Ein homogenes LGS hat entweder eine eindeutige Lösung oder unendlich viele Lösungen, aber niemals keine Lösung. Falls ein homogenes LGS eine eindeutige Lösung hat, lautet diese stets $\boldsymbol{a = 0}$; $\boldsymbol{b = 0}$; $\boldsymbol{c = 0}$.

Hinweis: Das Lösen von LGS ist inbesondere bei „Steckbriefaufgaben“ (S. 54) und in der Vektorgeometrie (ab S. 76) wichtig.

2.5 Ungleichungen

Vorgehen zur Lösung

1. Zunächst wird die zugehörige Gleichung gelöst.

2. Dann betrachtet man die (eventuell umgestellte) Gleichung als Funktionsterm und skizziert das Schaubild in das Koordinatensystem. Die Lösungen der Gleichung aus 1. sind die Nullstellen der Funktion.

3. Durch Betrachtung, an welchen x-Werten das Schaubild ober- bzw. unterhalb der x-Achse verläuft, erhält man die Lösungsmenge.

a) $4x-2>0$

1. Zugehörige Gleichung lösen

$$4x-2=0$$
$$4x=2$$
$$x=0,5$$

2. Betrachtung im Koordinatensystem

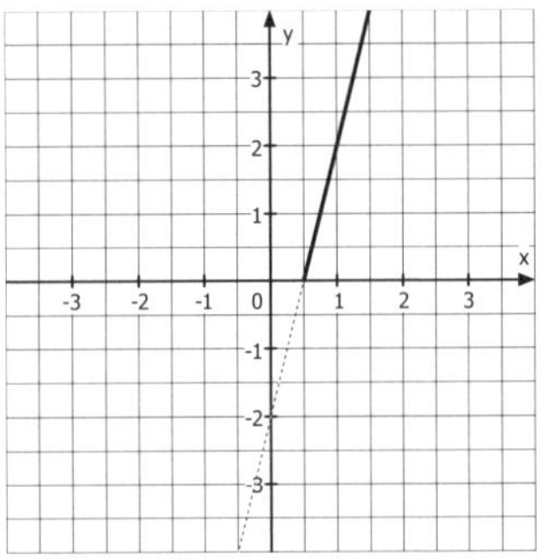

>0

Schaubild zu $y=4x-2$

3. Lösungen notieren

$x>0,5$

b) $(x+3)\cdot(x-1)\ \leq 0$

1. Zugehörige Gleichung lösen

$$(x+3)\cdot(x-1)\ =0$$
S. v. Nullpr.
$$x_1=-3; \qquad x_2=1$$

2. Betrachtung im Koordinatensystem

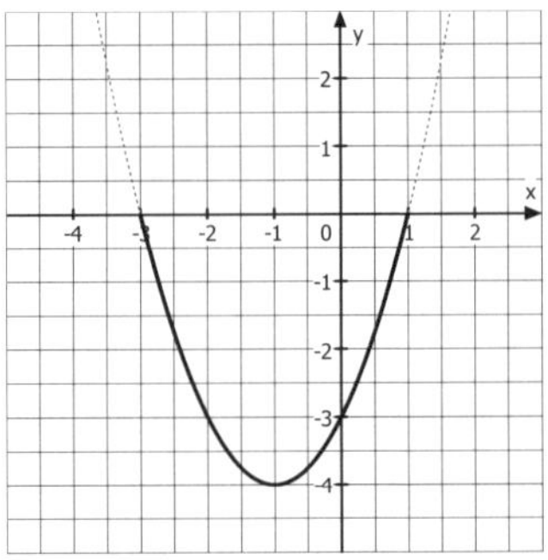

$=0$

<0

Schaubild zu $y=(x+3)\cdot(x-1)$
(Parabel, nach oben geöffnet)

3. Lösungen notieren

$-3\leq x\leq 1$

Alternative zum 2. bzw. 3. Schritt (am Beispiel b))

Schritt 1 ergibt die beiden Nullstellen $x_1=-3$ und $x_2=1$.
Z.B. $x=0$ liegt zwischen den beiden Nullstellen und wird eingesetzt:
$(0+3)\cdot(0-1)=3\cdot(-1)=-3$
Zwischen den Nullstellen liegen also (die gesuchten) negativen Werte.
(Für $x<-3$ und $x>1$ liegen somit positive Werte vor.)
Der Lösungsbereich befindet sich also zwischen den Nullstellen: $-3\leq x\leq 1$

c) $-x^2+2x+1<x-1$

1. Zugehörige Gleichung lösen

$$-x^2+2x+1=x-1 \quad |-x+1$$

$$-x^2+x+2=0$$

$$x_{1/2}=\frac{-1\pm\sqrt{1^2-4\cdot(-1)\cdot 2}}{2\cdot(-1)}=\frac{-1\pm 3}{-2}$$

$x_1=-1;\ \ x_2=2$

2. Betrachtung im Koordinatensystem

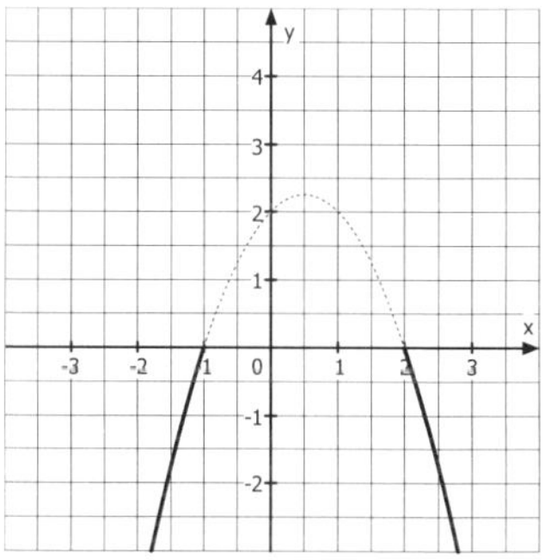

<0

Schaubild zu $y=-x^2+x+2$
(Parabel, nach unten geöffnet)

3. Lösungen notieren

$x<-1$ und $x>2$

d) $(2x-1)\cdot e^x>0$

1. Zugehörige Gleichung lösen

$(2x-1)\cdot e^x=0$

S. v. Nullpr.

$2x-1=0 \qquad e^x=0$

$x=\frac{1}{2}$; keine Lösung da $e^x>0$

2. Betrachtung im Koordinatensystem

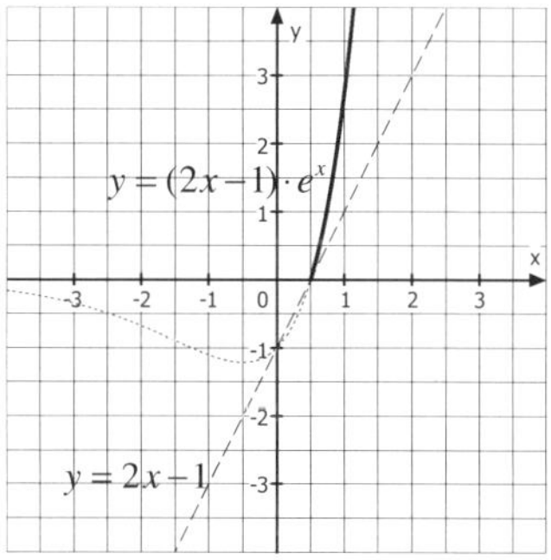

>0

Das Einzeichnen des Schaubildes zu $y=(2x-1)\cdot e^x$ ist schwierig.

Alternatives Vorgehen:

- $y=2x-1$ kann leicht skizziert werden. Hat negative Werte für $x<0,5$ und positive Werte für $x>0,5$.
- e^x nimmt nur positive Werte an.
- Das Produkt $(2x-1)\cdot e^x$ hat also die gleichen Vorzeichen wie $y=2x-1$ und somit positive Werte für $x>0,5$.

3. Lösungen notieren

$x>0,5$

Differenzialrechnung

Tangente
und
Normale

(S. 41)

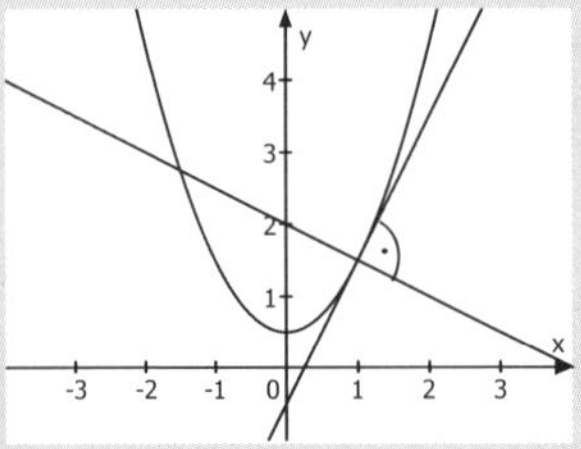

Ableitungsregeln
$f(x) =$
$f'(x) =$

(S. 38)

Monotonie

(S. 44)

Krümmung

(S. 45)

Hochpunkte
und
Tiefpunkte

(S. 46)

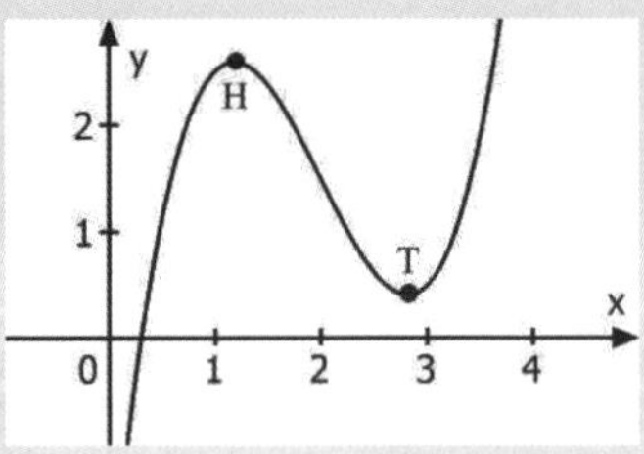

Wachstum und Zerfall
(S. 58)

Extremwertaufgaben
(S. 56)

„Steckbriefaufgaben“
Eine Funktion 4. Grades hat den Hochpunkt H(3|4), den Tiefpunkt... Wie lautet ihr Funktionsterm?
(S. 54)

Graphisches Ableiten

N E W
  N E W
    N E W

(S. 52)

Sattelpunkte
(S. 48)

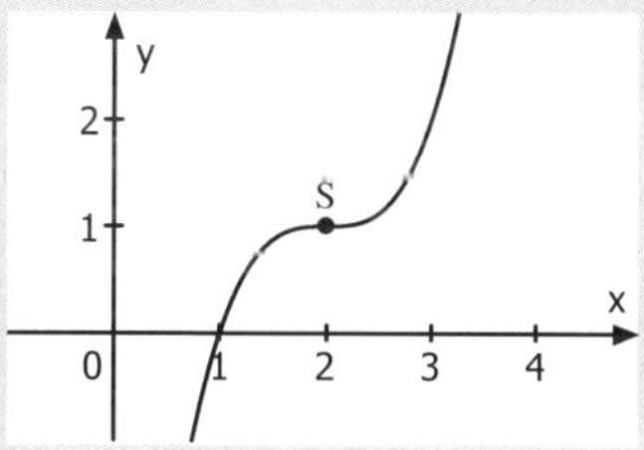

Wendepunkte
(S. 47)

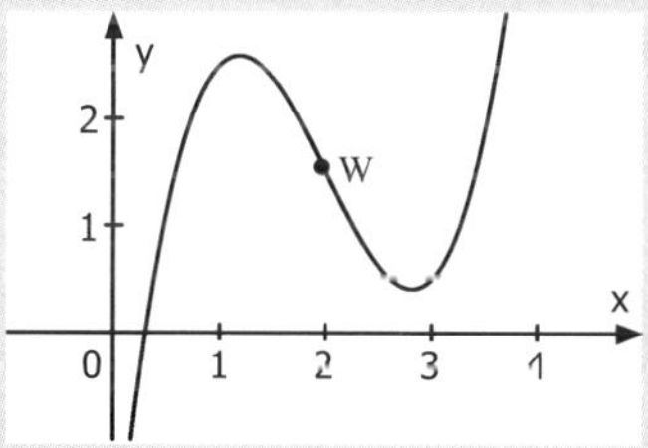

3. Differenzialrechnung

3.1 Ableitungsregeln

Nr.	Beispiel	Vorgehen
Elementarregeln		
1	$f(x) = x^5$ $f'(x) = 5 \cdot x^{5-1} = 5x^4$ $f(x) = x^2$ $f'(x) = 2 \cdot x^1 = 2x$ $f(x) = x$ $f'(x) = 1 \cdot x^0 = 1 \cdot 1 = 1$ $f(x) = \frac{1}{x^2} = x^{-2}$ $f'(x) = -2 \cdot x^{-3} = -\frac{2}{x^3}$	$f(x) = x^n$ $f'(x) = n \cdot x^{n-1}$ (Potenzregel)
2	$f(x) = e^x$ $f'(x) = e^x$	*Abschreiben*
3	$f(x) = \sin(x)$ $f'(x) = \cos(x)$	$\sin \nearrow \searrow$ $-\cos$ $\quad$ $\cos$ $\nwarrow \swarrow -\sin$ (*Im Uhrzeigersinn!*)
4	$f(x) = \cos(x)$ $f'(x) = -\sin(x)$	

Nr.	Beispiel	Vorgehen
Vorgehensregeln		
5	$f(x) = \mathbf{3} \cdot x^2$ $f'(x) = \mathbf{3} \cdot 2x = 6x$	*„Zahlen" mit · oder : „bleiben"* (Faktorregel)
6	$f(x) = x^2 + \mathbf{2}$ $f'(x) = 2x$	*„Zahlen" mit + oder – „verschwinden"*
7	$f(x) = x^2 - 4x$ $f'(x) = 2x - 4$	*+ und – Zeichen unterteilen die Funktion in Teilfunktionen, welche einzeln abgeleitet werden* (Summenregel)

Produktregel		
8	$f(x) = x^2 \cdot \sin(x)$ $f'(x) = 2x \cdot \sin(x) + x^2 \cdot \cos(x)$	$f(x) = u(x) \cdot v(x)$ $f'(x) = u'(x) \cdot v(x) + u(x) \cdot v'(x)$ *Ableiten · Abschreiben + Abschreiben · Ableiten*

Aber: Die Produktregel nur dann anwenden, wenn zwei Faktoren, die **beide *x*** enthalten, miteinander **multipliziert** werden.

$f(x) = 3x + \sin(x)$
$f'(x) = 3 + \cos(x)$
(Keine Produktregel, da keine Multiplikation)

$f(x) = 3 \cdot \sin(x)$
$f'(x) = 3 \cdot \cos(x)$
(Produktregel unnötig, Faktor 3 enthält kein x)

$f(x) = 3x \cdot \sin(x)$
$f'(x) = 3 \cdot \sin(x) + 3x \cdot \cos(x)$
(Produktregel)

Nr.	Beispiel	Vorgehen
Anwendungen der Kettenregel		
9	$f(x) = e^{2x+3}$ $f'(x) = e^{2x+3} \cdot 2$	$f(x) = e^{ax+b}$ $f'(x) = e^{ax+b} \cdot a$
10	$f(x) = \sin(2x+3)$ $f'(x) = \cos(2x+3) \cdot 2$	$f(x) = \sin(ax+b)$ $f'(x) = \cos(ax+b) \cdot a$
11	$f(x) = \cos(2x+3)$ $f'(x) = -\sin(2x+3) \cdot 2$	$f(x) = \cos(ax+b)$ $f'(x) = -\sin(ax+b) \cdot a$
12	$f(x) = (2x+3)^5$ $f'(x) = 5 \cdot (2x+3)^4 \cdot 2$ $= 10 \cdot (2x+3)^4$ $f(x) = \frac{1}{(4x+3)^5}$ $= (4x+3)^{-5}$ $f'(x) = -5 \cdot (4x+3)^{-6} \cdot 4$ $= -\frac{20}{(4x+3)^6}$	$f(x) = (ax+b)^n$ $f'(x) = n \cdot (ax+b)^{n-1} \cdot a$

Die allgemeine Kettenregel, aus welcher sich die Regeln 9-12 ergeben, lautet:

$$f(x) = u(v(x)) \rightarrow f'(x) = \underbrace{u'(v(x))}_{\text{Äußere Abl.}} \cdot \underbrace{v'(x)}_{\text{Innere Abl.}}$$

3.2 Tangente und Normale

1. Aufgabentyp

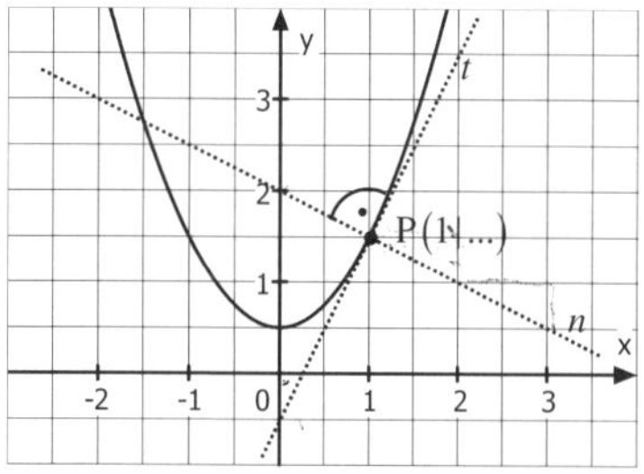

Gegeben ist die Funktion f mit $f(x) = x^2 + 0{,}5$.

In $x = 1$ wird eine Tangente an das Schaubild angelegt. Berechnen Sie deren Gleichung.

In $x = 1$ wird eine Normale an das Schaubild angelegt. Berechnen Sie deren Gleichung.

Tangente im Kurvenpunkt (geg. $f(x)$ und x-Wert des Kurvenpunktes)	**Normale im Kurvenpunkt** (geg. $f(x)$ und x-Wert des Kurvenpunktes)
Vorgehen **1. y - Wert des Kurvenpunktes berechnen** $f(1) = 1^2 + 0{,}5 = 1{,}5 \quad \rightarrow \mathrm{P}(1 \mid 1{,}5)$ **2. Tangentensteigung berechnen** $f'(x) = 2x$ $f'(1) = 2 \cdot 1 = 2 \quad (= m_t)$ **3. Tangentengleichung berechnen** $y = m_t \cdot x + b$ $1{,}5 = 2 \cdot 1 + b$ $1{,}5 = 2 + b \quad \mid -2$ $-0{,}5 = b$ $\Rightarrow$ Tangente: $y = 2x \quad 0{,}5$ (Alternativ mit: $y = f'(u) \cdot (x - u) + f(u)$)	**Vorgehen** **1. y - Wert des Kurvenpunktes berechnen** $f(1) = 1^2 + 0{,}5 = 1 \quad \rightarrow \mathrm{P}(1 \mid 1{,}5)$ **2. Tangentensteigung berechnen** $f'(x) = 2x$ $f'(1) = 2 \cdot 1 = 2 \quad (= m_t)$ **3. Normalensteigung berechnen** **(senkrecht zu m_t $\rightarrow$ neg. Kehrwert)** $m_n = -\frac{1}{m_t} = -\frac{1}{2} = -0{,}5$ **4. Normalengleichung berechnen** $y = m_n \cdot x + b$ $1{,}5 = -0{,}5 \cdot 1 + b$ $1{,}5 = -0{,}5 + b \quad \mid +0{,}5$ $2 = b$ $\Rightarrow$ Normale: $y = -0{,}5x + 2$ (Alternativ mit: $y = -\frac{1}{f'(u)} \cdot (x - u) + f(u)$)

http://frv.tv/1p

2. Aufgabentyp

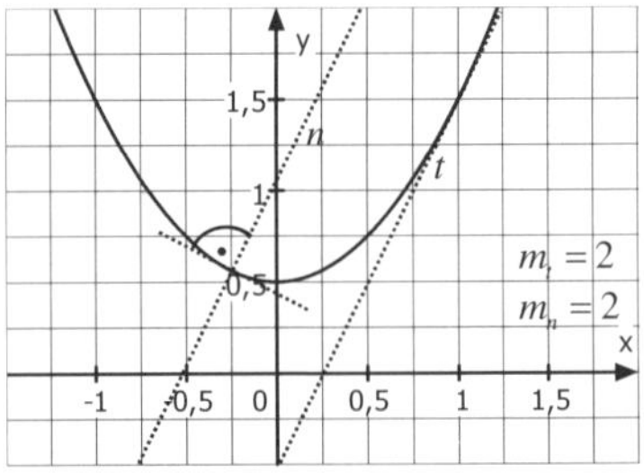

Gegeben ist die Funktion f mit $f(x) = x^2 + 0,5$.

Es gibt eine Tangente an das Schaubild, welche die Steigung 2 besitzt. Berechnen Sie deren Gleichung.

Es gibt eine Normale an das Schaubild, welche die Steigung 2 besitzt. Berechnen Sie deren Gleichung.

Tangente mit gegebener Steigung (geg. $f(x)$ und Steigung der Tangente)	**Normale mit gegebener Steigung** (geg. $f(x)$ und Steigung der Normale)
Vorgehen	**Vorgehen**
	1. Zu m_n senkrechte Steigung berechnen $m = -\frac{1}{m_n} = -\frac{1}{2} = -0,5$
1. $f'(x) = m_t$ liefert x - Wert des Kurvenpunktes $f'(x) = 2x$ $f'(x) = m_t$ $2x = 2$ $x = 1$ (*An dieser Stelle hat die Parabel die gegebene Steigung.*)	**2. $f'(x) = m$ liefert x - Wert des Kurvenpunktes** $f'(x) = 2x$ $f'(x) = m$ $2x = -0,5$ $x = -0,25$ (*An dieser Stelle hat die Parabel die Steigung $-0,5$ und ist damit senkrecht zur gesuchten Normalen.*)
2. y - Wert des Kurvenpunktes berechnen $f(1) = 1^2 + 0,5 = 1,5 \quad \rightarrow \mathrm{B}(1 \mid 1,5)$	**3. y - Wert des Kurvenpunktes berechnen** $f(-0,25) = (-0,25)^2 + 0,5 = 0,5625$ $\rightarrow \mathrm{P}(-0,25 \mid 0,5625)$
3. Tangentengleichung berechnen $y = m_t \cdot x + b$ $1,5 = 2 \cdot 1 + b$ $1,5 = 2 + b \quad \mid -2$ $-0,5 = b$ $\Rightarrow$ Tangente: $y = 2x - 0,5$	**4. Normalengleichung berechnen** $y = m_n \cdot x + b$ $0,5625 = 2 \cdot (-0,25) + b$ $0,5625 = -0,5 + b \quad \mid +0,5$ $1,0625 = b$ $\Rightarrow$ Normale: $y = 2x + 1,0625$

Beispiel 1

Gegeben ist die Funktion f mit $f(x) = e^{0,5x-1} + 2$.

In $x = 2$ wird eine Normale an das Schaubild angelegt. Berechnen Sie deren Gleichung.

(1. Aufgabentyp)

1. y-Wert des Schnittpunktes berechnen

$f(2) = e^{0,5\cdot 2-1} + 2 = e^0 + 2 = 1 + 2 = 3 \rightarrow \text{P}(2\,|\,3)$

2. Tangentensteigung berechnen

$f'(x) = e^{0,5x-1} \cdot 0,5 = 0,5e^{0,5x-1}$

$f'(2) = 0,5 \cdot e^{0,5\cdot 2-1} = 0,5 \cdot e^0 = 0,5 \cdot 1 = \frac{1}{2}\ (= m_t)$

3. Normalensteigung berechnen (senkrecht zu m_t, also neg. Kehrwert): $m_n = -\frac{1}{m_t} = -2$

4. Normalengleichung berechnen

$y = m_n \cdot x + b$

$3 = -2 \cdot 2 + b$

$3 = -4 + b \quad | +4$

$7 = b \qquad \Rightarrow$ Normale: $y = -2x + 7$

Beispiel 2

Gegeben ist die Funktion f mit $f(x) = \frac{1}{3}x^3 - 3x$.

Es gibt eine Tangente an das Schaubild, welche die Steigung -3 besitzt.

Berechnen Sie deren Gleichung.

(2. Aufgabentyp)

1. $f'(x) = m_t$ liefert x-Wert des Berührpunktes

$f'(x) = x^2 - 3$

$f'(x) = m_t$

$x^2 - 3 = -3 \quad | +3$

$x^2 = 0 \quad | \sqrt{\ }$

$x = 0$

2. y-Wert des Berührpunktes berechnen: $f(0) = \frac{1}{3} \cdot 0^3 - 3 \cdot 0 = 0 \rightarrow \text{B}(0\,|\,0)$

3. Tangentengleichung berechnen

$y = m_t \cdot x + b$

$0 = -3 \cdot 0 + b$

$0 = b \qquad \Rightarrow$ Tangente: $y = -3x$

3.3 Monotonie

<table>
<tr><th>(Vereinfachte) Definition</th><th>Beispiel</th></tr>
<tr>
<td>
Gilt am x-Wert: $\boldsymbol{x_0}$

$\boldsymbol{f'(x_0) > 0}$ | $\boldsymbol{f'(x_0) < 0}$

so nennt man die Funktion hier

streng monoton steigend | streng monoton fallend

Männchen geht bergauf | Männchen geht bergab
</td>
<td>
Einzunehmende Perspektive:
Sie sehen von der Seite auf das Männchen, welches ein hügeliges Gelände durchläuft. Das Gelände sehen Sie im Profil.

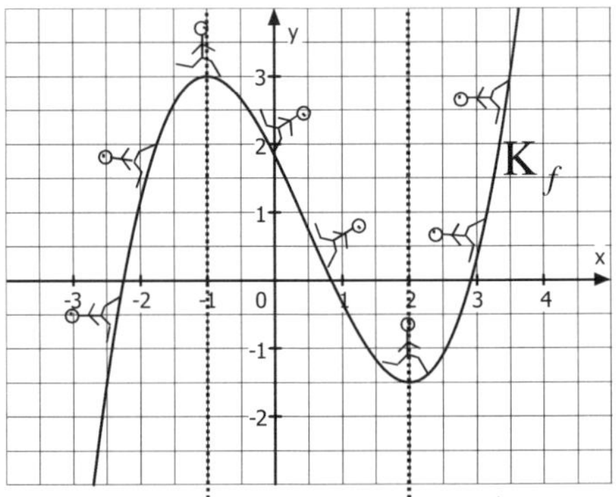

streng monoton steigend | streng monoton fallend | streng monoton steigend
$f'(x) > 0$ | $f'(x) < 0$ | $f'(x) > 0$

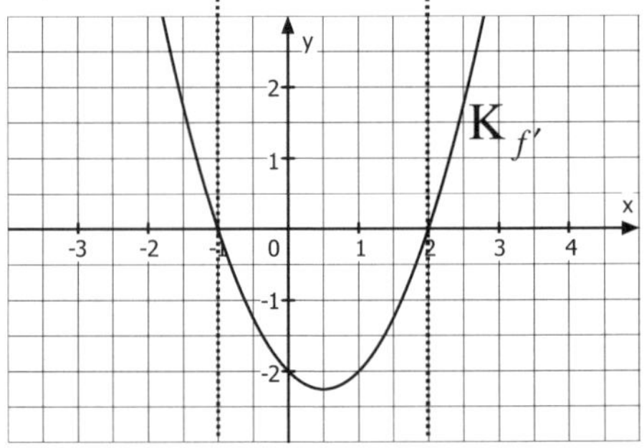

</td>
</tr>
</table>

http://frv.tv/1s

3.4 Krümmung

(Vereinfachte) Definition	Beispiel
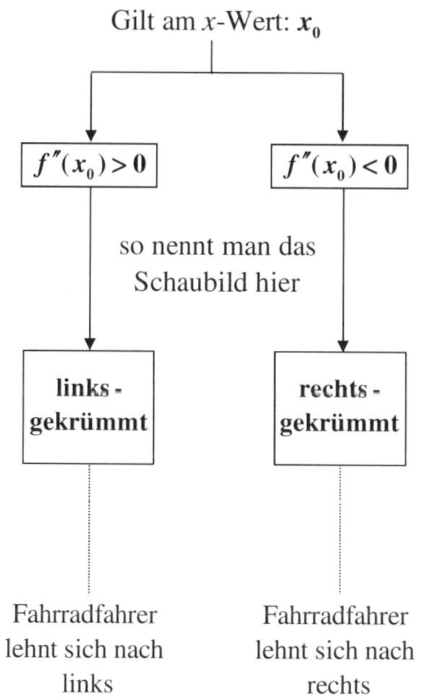	**Einzunehmende Perspektive:** Sie sehen **von oben (Vogelperspektive)** auf den Fahrradfahrer, welcher eine kurvige Straße durchfährt und sich hierbei zunächst nach rechts, dann nach links lehnt. 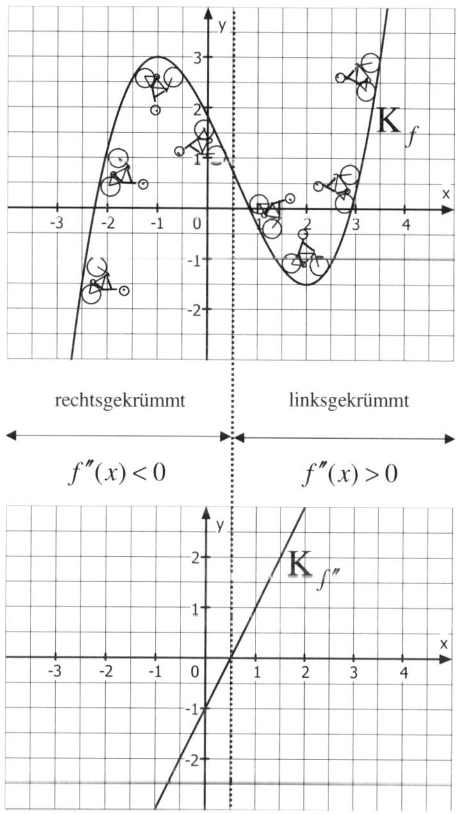

$f''(x)$ n**e**gativ $\Rightarrow$ r**e**chtsgekrümmt
($f''(x)$ pos**i**tiv $\Rightarrow$ l**i**nksgekrümmt)

3.5 Extrempunkte (Hochpunkte und Tiefpunkte)

Vorgehen zur Ermittlung von Hoch- und Tiefpunkten (am Beispiel)	
1. Schritt: $f'(x)=0$ Stellen mit waagrechter Tangente (Steigung von 0) ermitteln.	$f(x)=\frac{1}{3}x^3-\frac{1}{2}x^2-2x+\frac{11}{6}$ (Beispiel) $f'(x)=x^2-x-2$ $f''(x)=2x-1$ $\boldsymbol{f'(x)=0}$ $x^2-x-2=0$ $x_{1/2}=\frac{-(-1)\pm\sqrt{(-1)^2-4\cdot1\cdot(-2)}}{2\cdot1}$ $=\frac{1\pm\sqrt{1+8}}{2}=\frac{1\pm3}{2}$ $\Rightarrow \boldsymbol{x_1=-1;\ x_2=2}$
2. Schritt: Einsetzen in $f''(x)$ Falls $\begin{cases}f''(x)<0\\ f''(x)>0\end{cases}$ liegt $\begin{cases}\textbf{Hochpunkt}\\ \textbf{Tiefpunkt}\end{cases}$ vor.	$\boldsymbol{f''(-1)}=2\cdot(-1)-1=-3\quad \boldsymbol{<0}\quad\rightarrow \textbf{H}$ $\boldsymbol{f''(2)}=2\cdot2-1=3\quad \boldsymbol{>0}\quad\rightarrow \textbf{T}$
3. Schritt: Einsetzen in $f(x)$ y-Koordinaten der Hoch- bzw. Tiefpunkte bestimmen.	$\boldsymbol{f(-1)}=\frac{1}{3}\cdot(-1)^3-\frac{1}{2}\cdot(-1)^2-2\cdot(-1)+\frac{11}{6}$ $=\boldsymbol{3}\quad\rightarrow\quad \textbf{H}(\boldsymbol{-1\,\vert\,3})$ $\boldsymbol{f(2)}=\frac{1}{3}\cdot2^3-\frac{1}{2}\cdot2^2-2\cdot2+\frac{11}{6}$ $=\boldsymbol{-1{,}5}\quad\rightarrow\quad \textbf{T}(\boldsymbol{2\,\vert\,-1{,}5})$

Alternative zum 2. Schritt: Untersuchung auf Vorzeichenwechsel

Hat f' eine Nullstelle mit Vorzeichenwechsel, dann hat das Schaubild von f hier einen Extrempunkt.

Bei einem Vorzeichenwechsel von $\begin{cases}+\text{ nach }-\\ -\text{ nach }+\end{cases}$ liegt ein $\begin{cases}\text{Hochpunkt}\\ \text{Tiefpunkt}\end{cases}$ vor.

z.B. bei $x_2=2$:

$f'(1)=1^2-1-2=-2\ <0$

$f'(3)=3^2-3-2=4\ >0$

VZW von $-$ nach $+$

$\Rightarrow$ somit Tiefpunkt

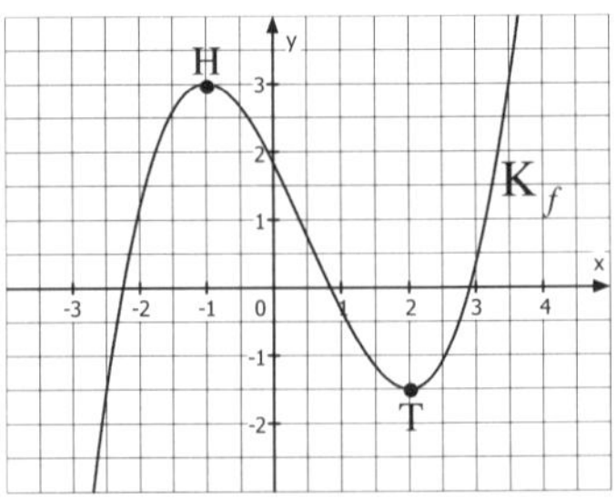

http://frv.tv/1t

3.6 Wendepunkte

Vorgehen zur Ermittlung von Wendepunkten (am Beispiel)	
1. Schritt: $f''(x)=0$ Stellen „ohne Krümmung“ ermitteln.	$f(x)=\frac{1}{3}x^3-\frac{1}{2}x^2-2x+\frac{11}{6}$ (Beispiel) $f'(x)=x^2-x-2$ $f''(x)=2x-1$ $f'''(x)=2$ $\mathbf{f''(x)=0}$ $2x-1=0 \quad \vert+1$ $2x=1 \quad \vert:2$ $\mathbf{x=0,5}$
2. Schritt: Einsetzen in $f'''(x)$ Wendepunkt, falls $\mathbf{f'''(x)\neq 0}$.	$\mathbf{f'''(0,5)}=2 \quad \mathbf{\neq 0} \quad \rightarrow \mathbf{W}$
3. Schritt: Einsetzen in $f(x)$ y-Koordinaten der Wendepunkte bestimmen.	$\mathbf{f(0,5)}=\frac{1}{3}\cdot 0,5^3-\frac{1}{2}\cdot 0,5^2-2\cdot 0,5+\frac{11}{6}$ $=\mathbf{0,75} \rightarrow \mathbf{W(0,5 \vert 0,75)}$

Alternative zum 2. Schritt: Untersuchung auf Vorzeichenwechsel

Hat f'' eine Nullstelle mit Vorzeichenwechsel, dann hat das Schaubild von f hier einen Wendepunkt.

am Beispiel: $x=0,5$:

$f''(0)=2\cdot 0-1=-1 \quad <0$

$f''(1)=2\cdot 1-1=1 \quad >0$

VZW

$\Rightarrow$ somit Wendepunkt

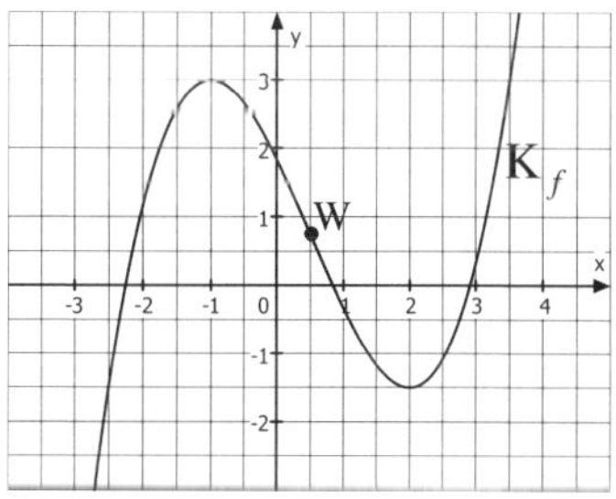

Bemerkungen

- Als **Wendetangente** wird eine Tangente bezeichnet, welche das Schaubild im Wendepunkt berührt. Die **Wendenormale** steht senkrecht zur Wendetangente und verläuft ebenfalls durch den Wendepunkt.
- An einer **Wendestelle** hat das Schaubild entweder die **größte** oder die **kleinste Steigung**. Das Schaubild von f' hat hier deshalb entweder einen Hochpunkt oder einen Tiefpunkt.

http://frv.tv/1u

3.7 Sattelpunkte

Ein Sattelpunkt ist ein **Wendepunkt mit waagrechter Tangente**, also mit einer Steigung von 0.
Somit hat ein Sattelpunkt neben den Eigenschaften eines Wendepunktes $\left(f''(x)=0 \text{ und } f'''(x)\neq 0\right)$ noch die **zusätzliche Eigenschaft $f'(x)=0$**.

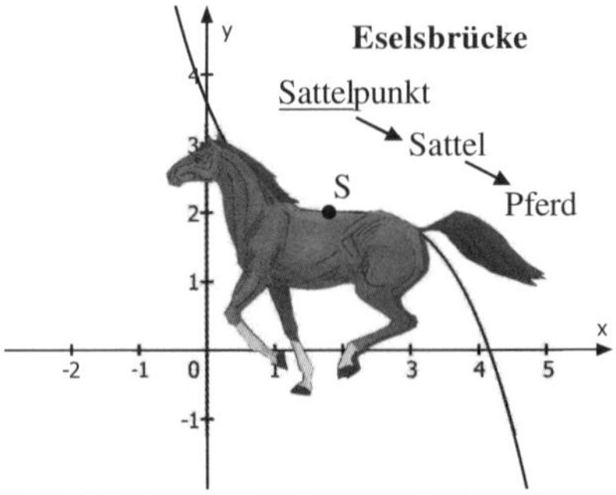

Vorgehen zur Ermittlung von Sattelpunkten (am Beispiel)

(1. bis 3. Schritt: Ebenso wie bei der Ermittlung von Wendepunkten)

1. Schritt: $f''(x)=0$ Stellen „ohne Krümmung" ermitteln.	$f(x)=\frac{1}{4}x^4-\frac{2}{3}x^3+2$ (Beispiel) $f'(x)=x^3-2x^2$ $f''(x)=3x^2-4x$ $f'''(x)=6x-4$ $\mathbf{f''(x)=0}$ $3x^2-4x=0$ $x\cdot(3x-4)=0$ **S. v. Nullpr.** $\mathbf{x_1=0}$ $\quad 3x-4=0$ $3x=4$ $\mathbf{x_2=\frac{4}{3}}$
2. Schritt: Einsetzen in $f'''(x)$ Wendepunkt, falls $\mathbf{f'''(x)\neq 0}$.	$\mathbf{f'''(0)}=6\cdot 0-4=-4 \quad \mathbf{\neq 0} \rightarrow \mathbf{W}$ $f'''\left(\mathbf{\frac{4}{3}}\right)=6\cdot\frac{4}{3}-4=4 \quad \mathbf{\neq 0} \rightarrow \mathbf{W}$
3. Schritt: Einsetzen in $f(x)$ y-Koordinaten der Wendepunkte bestimmen.	$\mathbf{f(0)}=\frac{1}{4}\cdot 0^4-\frac{2}{3}\cdot 0^3+2=\mathbf{2} \quad \rightarrow \mathbf{W(0\,\vert\,2)}$ $f\left(\mathbf{\frac{4}{3}}\right)=\frac{1}{4}\cdot\left(\frac{4}{3}\right)^4-\frac{2}{3}\cdot\left(\frac{4}{3}\right)^3+2=\mathbf{\frac{98}{81}} \quad \rightarrow \mathbf{W\left(\frac{4}{3}\,\vert\,\frac{98}{81}\right)}$

(4. Schritt: **Zusätzlich**)

4. Schritt: Gilt $f'(x)=0$? In diesem Fall liegt ein Sattelpunkt vor. Ansonsten handelt es sich um einen „gewöhnlichen" Wendepunkt.	$\mathbf{f'(0)}=0^3-2\cdot 0^2 \quad \mathbf{=0} \rightarrow \mathbf{S(0\,\vert\,2)}$ $f'\left(\mathbf{\frac{4}{3}}\right)=\left(\frac{4}{3}\right)^3-2\cdot\left(\frac{4}{3}\right)^2=-\frac{32}{27} \quad \mathbf{\neq 0} \rightarrow \mathrm{W}$

http://frv.tv/1v

Im Koordinatensystem finden Sie das Schaubild der Funktion f mit $f(x)=\frac{1}{4}x^4-\frac{2}{3}x^3+2$ und den berechneten Sattelpunkt.

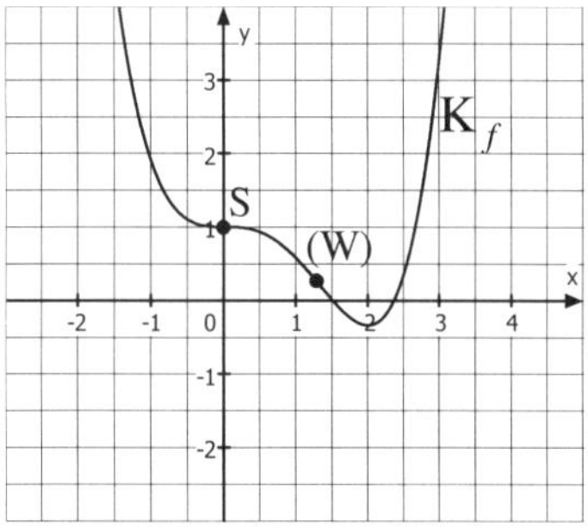

Jeder Sattelpunkt ist auch ein Wendepunkt, aber nicht jeder Wendepunkt ist auch ein Sattelpunkt!

Beispiel: Gegeben ist die Funktion f mit $f(x) = 0,25x^4 - 2x^3 + 4x^2 - 1$.

a) Berechnen Sie den Schnittpunkt des Schaubildes mit der y-Achse.

b) Berechnen Sie die Koordinaten der Extrempunkte.

c) Berechnen Sie die Koordinaten der Wendepunkte.

d) Berechnen Sie die Gleichung einer Wendetangente.

Lösung

a) Ansatz: $f(0) = 0,25 \cdot 0^4 - 2 \cdot 0^3 + 4 \cdot 0^2 - 1$

$= -1 \quad \rightarrow \quad S_y(0 \mid -1)$

b) $f(x) = 0,25x^4 - 2x^3 + 4x^2 - 1$

$f'(x) = x^3 - 6x^2 + 8x$

$f''(x) = 3x^2 - 12x + 8$

1. Schritt:

$$f'(x) = 0$$
$$x^3 - 6x^2 + 8x = 0$$
$$x \cdot \left(x^2 - 6x + 8\right) = 0$$

S. v. Nullpr.

$x_1 = 0 \qquad x^2 - 6x + 8 = 0$

$$x_{2/3} = \frac{-(-6) \pm \sqrt{(-6)^2 - 4 \cdot 1 \cdot 8}}{2 \cdot 1} = \frac{6 \pm \sqrt{36 - 32}}{2} = \frac{6 \pm 2}{2}$$

$$x_2 = \frac{6-2}{2} = 2;$$

$$x_3 = \frac{6+2}{2} = 4$$

2. Schritt:

$f''(0) = 3 \cdot 0^2 - 12 \cdot 0 + 8 = 8 \quad > 0 \quad \rightarrow \text{T}$

$f''(2) = 3 \cdot 2^2 - 12 \cdot 2 + 8 = -4 \quad < 0 \quad \rightarrow \text{H}$

$f''(4) = 3 \cdot 4^2 - 12 \cdot 4 + 8 = 8 \quad > 0 \quad \rightarrow \text{T}$

3. Schritt:

$f(0) = 0,25 \cdot 0^4 - 2 \cdot 0^3 + 4 \cdot 0^2 - 1 = -1 \rightarrow \text{T}(0 \mid -1)$

$f(2) = 0,25 \cdot 2^4 - 2 \cdot 2^3 + 4 \cdot 2^2 - 1 = 3 \rightarrow \text{H}(2 \mid 3)$

$f(4) = 0,25 \cdot 4^4 - 2 \cdot 4^3 + 4 \cdot 4^2 - 1 = -1 \rightarrow \text{T}(4 \mid -1)$

c) 1. Schritt:

$$f''(x) = 0$$
$$3x^2 - 12x + 8 = 0$$

$$x_{1/2} = \frac{-(-12) \pm \sqrt{(-12)^2 - 4 \cdot 3 \cdot 8}}{2 \cdot 3} = \frac{12 \pm \sqrt{48}}{6}$$

$$x_1 = \frac{12 - \sqrt{48}}{6} \approx 0{,}85;$$

$$x_2 = \frac{12 + \sqrt{48}}{6} \approx 3{,}15$$

2. Schritt:

$f'''(x) = 6x - 12$

$f'''(0{,}85) = 6 \cdot 0{,}85 - 12 = -6{,}9 \quad \neq 0 \rightarrow$ W

$f'''(3{,}15) = 6 \cdot 3{,}15 - 12 = 6{,}9 \quad \neq 0 \rightarrow$ W

3. Schritt:

$f(0{,}85) = 0{,}25 \cdot 0{,}85^4 - 2 \cdot 0{,}85^3 + 4 \cdot 0{,}85^2 - 1 \approx 0{,}79 \rightarrow W_1(0{,}85 \mid 0{,}79)$

$f(3{,}15) = 0{,}25 \cdot 3{,}15^4 - 2 \cdot 3{,}15^3 + 4 \cdot 3{,}15^2 - 1 \approx 0{,}79 \rightarrow W_2(3{,}15 \mid 0{,}79)$

d) Berechnung der Wendetangente in $W_1(0{,}85 \mid 0{,}79)$:

1. Schritt: $W_1(0{,}85 \mid 0{,}79)$ (Berührpunkt)

2. Schritt: Tangentensteigung berechnen

$f'(0{,}85) = 0{,}85^3 - 6 \cdot 0{,}85^2 + 8 \cdot 0{,}85 \approx 3{,}08 \; (= m_t)$

3. Schritt: Tangentengleichung berechnen

$$y = m_t \cdot x + b$$
$$0{,}79 = 3{,}08 \cdot 0{,}85 + b$$
$$0{,}79 = 2{,}62 + b \qquad | -2{,}62$$
$$-1{,}83 = b$$

$\Rightarrow$ Tangente: $y = 3{,}08x - 1{,}83$

3.8 Zusammenhang zwischen den Schaubildern von Funktion und Ableitung

1. Grundsätzlicher Zusammenhang

Der y-Wert des Schaubildes von f' entspricht an jedem x-Wert der Steigung des Schaubildes von f.

2. Zusammenhang zwischen den besonderen Punkten

Kurzversion (Merkregel: In jeder Zeile steht das englische Wort für „neu“; 3-stufig)

$f(x)$	**N**	**E**	**W**			
$f'(x)$		**N**	**E**	**W**		
$f''(x)$			**N**	**E**	**W**	

Ausführliche Version (nur 2-stufig dargestellt)

$f(x)$ bzw. $f'(x)$	**N**	**H**	**T**	**W** (von **Lk** zu **Rk**)	**W** (von **Rk** zu **Lk**)	**S**
$f'(x)$ bzw. $f''(x)$		**N** „von + nach –“	**N** „von – nach +“	**H**	**T**	**N** ohne **VZW** (z.B. doppelte N) bzw. **H** oder **T** auf der x-Achse

Abkürzungen

Nullstelle
Extrempunkt (**H**och- oder **T**iefpunkt)
Links**k**rümmung / **R**echts**k**rümmung
Wendepunkt
Sattelpunkt
Vor**Z**eichen**W**echsel

Bemerkungen

- Die obigen Zusammenhänge gelten natürlich auch zwischen der Stammfunktion F und der zugehörigen Funktion f.
- Die Symmetrieart eines Schaubildes „pendelt“ beim Ableiten.

Beispiel: K_f ist symmetrisch zur y-Achse $\Rightarrow K_{f'}$ ist symmetrisch zum Ursprung $\Rightarrow K_{f''}$ ist symmetrisch zur y-Achse $\Rightarrow$ ...

http://frv.tv/1x

Beispiel

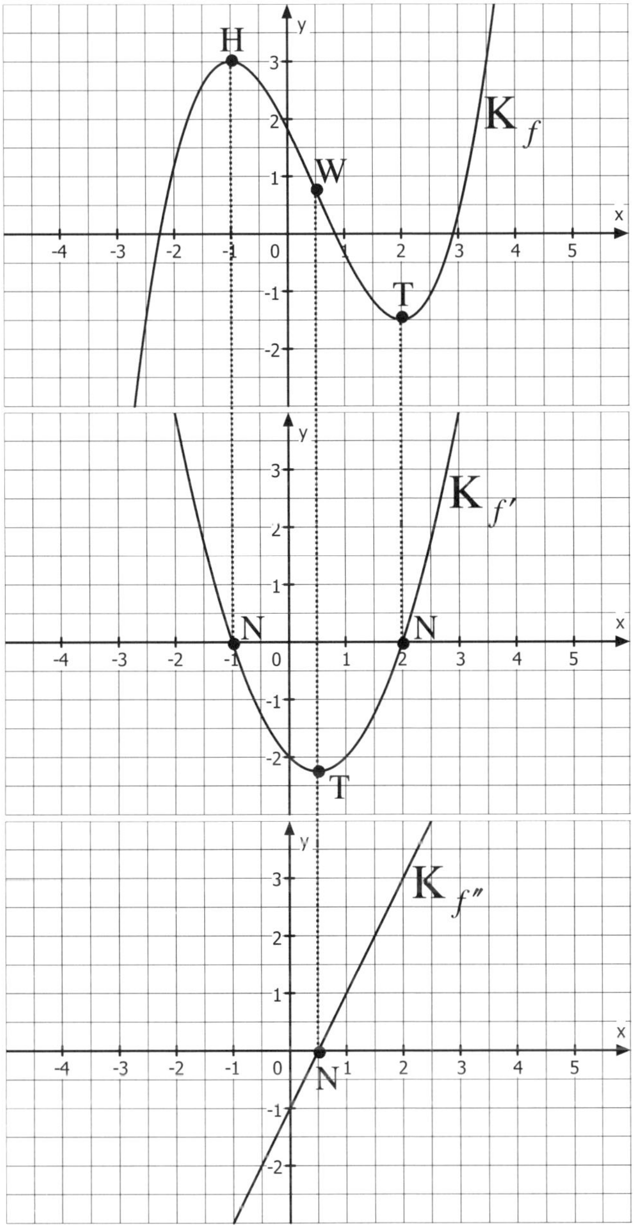

3.9 Ermittlung von Funktionsgleichungen („Steckbriefaufgaben“)

Beispiel

Gesucht ist die Gleichung einer Funktion 4. Grades, deren Schaubild symmetrisch zur y-Achse ist. Das Schaubild hat den Tiefpunkt T(2 | 1) und besitzt an der Stelle 1 die Steigung $-2{,}4$.

Lösung

Allgemeiner Ansatz: $f(x) = ax^4 + bx^3 + cx^2 + dx + e$

Da symm. zur y-Achse: $f(x) = ax^4 + cx^2 + e$ (*nur gerade Hochzahlen*)

$f'(x) = 4ax^3 + 2cx$

Bedingungen

T(2 | 1) (*Punktprobe*): $f(2) = a \cdot 2^4 + c \cdot 2^2 + e = 1 \quad \Rightarrow \quad 16a + 4c + e = 1$

T(2 | 1) (*Bed.* $f'(x) = 0$): $f'(2) = 4a \cdot 2^3 + 2c \cdot 2 = 0 \quad \Rightarrow \quad 32a + 4c = 0$

In $x = 1$ Steigung $-2{,}4$: $f'(1) = 4a \cdot 1^3 + 2c \cdot 1 = -2{,}4 \quad \Rightarrow \quad 4a + 2c = -2{,}4$

Lösen des LGS

$$\left(\begin{array}{ccc|c} 16 & 4 & 1 & 1 \\ 32 & 4 & 0 & 0 \\ 4 & 2 & 0 & -2{,}4 \end{array}\right) \sim \left(\begin{array}{ccc|c} 16 & 4 & 1 & 1 \\ 0 & 2 & 1 & 1 \\ 0 & -4 & 1 & 10{,}6 \end{array}\right) \sim \left(\begin{array}{ccc|c} 16 & 4 & 1 & 1 \\ 0 & 2 & 1 & 1 \\ 0 & 0 & 3 & 12{,}6 \end{array}\right)$$

(Hinweis: Schnelleres Lösen des LGS durch Tausch der 1. mit der 3. Spalte möglich.)

III: $3e = 12{,}6$

$e = 4{,}2$

in II: $2c + 1 \cdot 4{,}2 = 1$

$c = -1{,}6$

in I: $16a + 4 \cdot (-1{,}6) + 1 \cdot 4{,}2 = 1$

$a = 0{,}2$

Man erhält: $f(x) = 0{,}2x^4 - 1{,}6x^2 + 4{,}2$

Notwendig

Mindestens so viele Bedingungen bzw. Gleichungen wie unbekannte Koeffizienten im Ansatz vorhanden (im Beispiel: 3 Bedingungen bzw. Koeffizienten).

http://frv.tv/6b

Typische Beschreibungen von Schaubildern und zugehörige math. Bedingungen

Beschreibungen des Schaubildes	Mathematische Bedingungen
Schaubild ist punktsymmetrisch zum Ursprung	$f(x)$ *enthält nur ungerade Hochzahlen* *z.B.* $f(x) = ax^3 + cx$ *bei Grad 3*
Schaubild ist achsensymmetrisch zur y-Achse	$f(x)$ *enthält nur gerade Hochzahlen* *z.B.* $f(x) = ax^4 + cx^2 + e$ *bei Grad 4*
Schaubild verläuft durch P(3 | 8)	$f(3) = 8$
Schaubild besitzt an der Stelle 2 die Steigung 5 (oder: besitzt am x-Wert 2 eine Tangente mit Steigung 5)	$f'(2) = 5$
Schaubild berührt an der Stelle 3 die x-Achse	$\begin{cases} f(3) = 0 & (\textit{verläuft durch } \mathrm{P}(3 \mid 0)) \\ f'(3) = 0 & (\textit{hier Steigung } 0) \end{cases}$
Schaubild besitzt den Hochpunkt H(−2 | 3)	$\begin{cases} f(-2) = 3 & (\textit{verläuft durch } \mathrm{P}(-2 \mid 3)) \\ f'(-2) = 0 & (\textit{hier Steigung } 0) \end{cases}$
Schaubild besitzt den Tiefpunkt T(−2 | 3)	*gleiche Bedingungen wie bei* H(−2 | 3)
Schaubild besitzt den Wendepunkt W(5 | 7)	$\begin{cases} f(5) = 7 & (\textit{verläuft durch } \mathrm{P}(5 \mid 7)) \\ f''(5) = 0 & (\textit{hier „keine Krümmung"}) \end{cases}$
Schaubild besitzt den Sattelpunkt S(1 | 4)	$\begin{cases} f(1) = 4 & (\textit{verläuft durch } \mathrm{P}(1 \mid 4)) \\ f'(1) = 0 & (\textit{hier Steigung } 0) \\ f''(1) = 0 & (\textit{hier „keine Krümmung"}) \end{cases}$
Schaubild schneidet das Schaubild der bekannten Funktion $g(x)$ an der Stelle 2	$f(2) = g(2)$ $(\textit{hier gleicher } y\textit{-Wert})$
Schaubild berührt das Schaubild der bekannten Funktion $g(x)$ an der Stelle 4	$\begin{cases} f(4) = g(4) & (\textit{hier gleicher } y\textit{-Wert}) \\ f'(4) = g'(4) & (\textit{hier gleiche Steigung}) \end{cases}$

3.10 Extremwertaufgaben

Beispiel

Aus einer parabelförmigen Holzplatte soll ein möglichst großes Dreieck (s. Skizze, mit rechtem Winkel rechts unten) herausgesägt werden.
Der Rand der Holzplatte wird durch das Schaubild der Funktion f mit $f(x)=-\frac{7}{72}x^2+\frac{7}{2}$ beschrieben.
Welchen Flächeninhalt kann ein solches Dreieck höchstens haben?

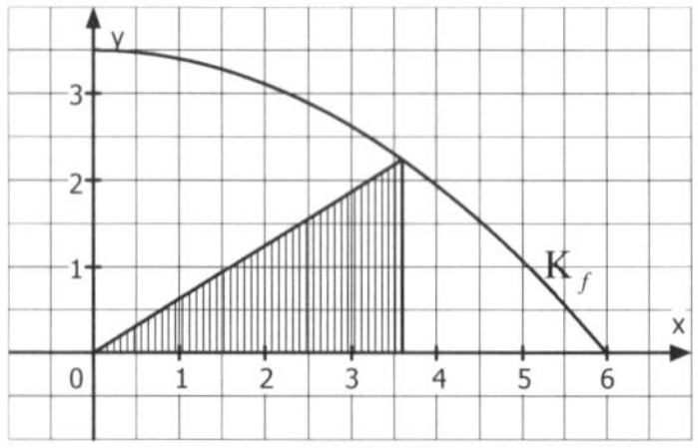

Das Rezept	
Zutaten 	
1. Skizze machen: Alles einzeichnen was in der Aufgabenstellung beschrieben wird.	(hier gegeben)
2. Koordinaten möglichst vieler relevanter Punkte (eventuell in Abhängigkeit von *u*) angeben. Hierbei beachten: Ein Punkt, der „irgendwo auf dem Schaubild" liegt, besitzt die Koordinaten $(u \mid f(u))$.	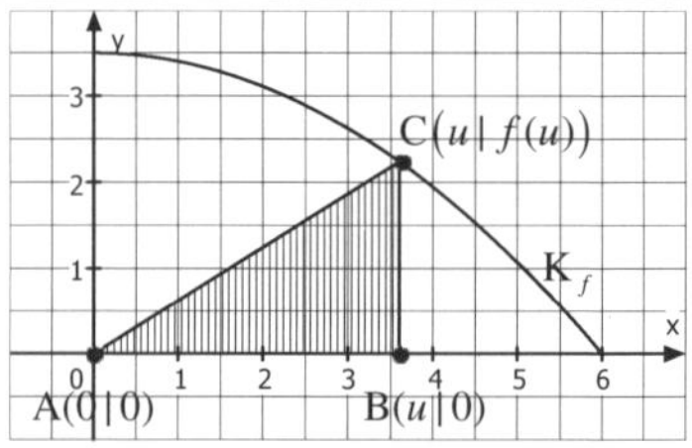
Kochen 	
3. Allgemeine Zielfunktion bestimmen. Formel für die Größe suchen, die maximal (bzw. minimal) werden soll. (z.B. $A=\frac{1}{2}\cdot a\cdot b$; $A=\frac{1}{2}\cdot c\cdot h_c$; $A=a\cdot b$; $U=2\cdot a+2\cdot b$; ...)	Flächeninhalt rechtwinkliges Dreieck: $A=\frac{1}{2}\cdot a\cdot b$ (Allgemeine Zielfunktion)
4. Benötigte Strecken (a, b, c, h_c, ...) für Allgemeine Zielfunktion in **Skizze einzeichnen**.	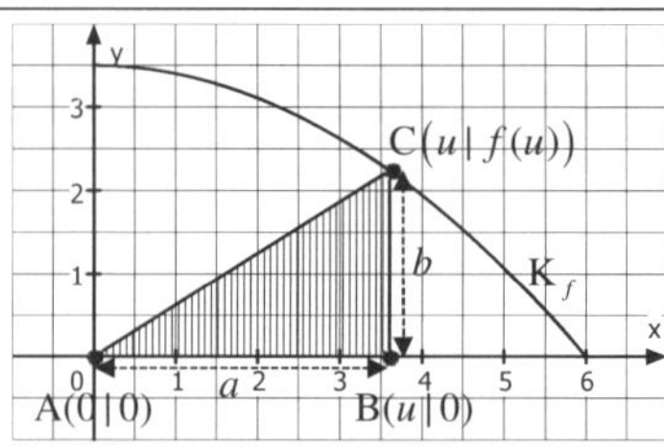

http://frv.tv/3r

5. Konkrete Zielfunktion bestimmen. **Streckenlängen** durch die Koordinaten der Punkte aus 2. **ausdrücken**. Hierbei beachten: - waagr. Streckenlänge: $x_{\text{rechts}} - x_{\text{links}}$ - senkr. Streckenlänge: $y_{\text{oben}} - y_{\text{unten}}$ **Funktionsterm** aus Aufgabenstellung **einsetzen**.	$A(u) = \frac{1}{2} \cdot \quad a \quad \cdot \quad b$ $A(u) = \frac{1}{2} \cdot (u-0) \cdot (f(u)-0)$ $A(u) = \frac{1}{2} \cdot \quad u \quad \cdot \left(-\frac{7}{72}u^2 + \frac{7}{2} - 0\right)$ (konkrete Zielfunktion)
6. Schaubild der **konkreten Zielfunktion** auf **Hochpunkt** (bzw. Tiefpunkt) **untersuchen**.	$A(u) = \frac{1}{2} \cdot u \cdot \left(-\frac{7}{72}u^2 + \frac{7}{2}\right) = -\frac{7}{144}u^3 + \frac{7}{4}u;$ $A'(u) = -\frac{7}{48}u^2 + \frac{7}{4};\ A''(u) = -\frac{7}{24}u$ 1. $A'(u) = 0:\ -\frac{7}{48}u^2 + \frac{7}{4} = 0$ Lösung: $u_1 \approx 3{,}46$ ($u_2 \approx -3{,}46$ nicht in D) 2. $A''(3{,}46) \approx \frac{7}{24}\ 3{,}46 < 0 \rightarrow H$ 3. $A(3{,}46) \approx -\frac{7}{144} \cdot 3{,}46^3 + \frac{7}{4} \cdot 3{,}46 \approx 4{,}04$ $\rightarrow H(3{,}46 \mid 4{,}04)$
7. Randwertuntersuchung **Grenzen des Definitionsbereiches** für u in Konkrete Zielfunktion **einsetzen**. Erhaltene y-Werte mit dem y-Wert des Hochpunktes (bzw. Tiefpunktes) **vergleichen**.	Definitionsbereich: $D = [0;\ 6]$ (s. Skizze) $A(0) = 0 < 4{,}04$ $A(6) = 0 < 4{,}04$
Servieren	
8. Antwortsatz Für $u = \ldots$ (x-Wert Extrempunkt) wird ... (gesuchte Größe) maximal (bzw. minimal). Diese beträgt dann ... (y-Wert Extrempunkt).	**Antwortsatz** Für $u \approx 3{,}46$ wird der Flächeninhalt des Dreiecks maximal. Dieser beträgt dann ungefähr 4,04 Flächeneinheiten.

3.11 Wachstum und Zerfall

In der **Abiturprüfung** werden die nachfolgenden Inhalte zu natürlichem und beschränktem Wachstum bzw. Zerfall **nicht als bekann**t vorausgesetzt. Trotzdem sind sie hier aufgeführt, da sie als „Vorwissen" bei entsprechenden Aufgabenstellungen hilfreich sein können.

1. (Natürliches) exponentielles Wachstum bzw. Zerfall

<table>
<tr><th>Exponentielles Wachstum</th><th>Exponentieller Zerfall</th></tr>
<tr><td colspan="2">Beispiel</td></tr>
<tr><td>Ein Geldbetrag von 500 EUR wird bei einer Bank zu einem Zinssatz von 5 % angelegt.</td><td>Von dem radioaktiven Jod 131 sind zu Beginn 7 mg vorhanden. Täglich zerfallen 8 % der vorhandenen Menge.</td></tr>
<tr><td colspan="2">Funktionsterm $f(t) = a \cdot q^t$ (ohne Basis e)
(a: Anfangsbestand = $f(0)$; q: Wachstums- bzw. Zerfallsfaktor)</td></tr>
<tr><td>$f(t) = 500 \cdot (1 + \frac{5}{100})^t = 500 \cdot 1,05^t \quad (q > 1)$</td><td>$f(t) = 7 \cdot (1 - \frac{8}{100})^t = 7 \cdot 0,92^t \quad (q < 1)$</td></tr>
<tr><td colspan="2">Funktionsterm $f(t) = a \cdot e^{k \cdot t}$ (mit Basis e)
(a: Anfangsbestand = $f(0)$)</td></tr>
<tr><td>$f(t) = 500 \cdot e^{\ln(1 + \frac{5}{100}) \cdot t} = 500 \cdot e^{0,0488 \cdot t}$
$(k > 0)$</td><td>$f(t) = 7 \cdot e^{\ln(1 - \frac{8}{100}) \cdot t} = 7 \cdot e^{-0,0834 \cdot t}$
$(k < 0)$</td></tr>
<tr><td colspan="2">Schaubild</td></tr>
<tr><td>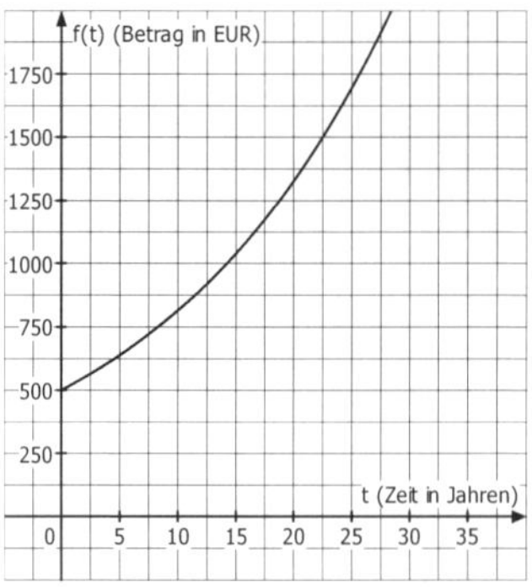
</td><td>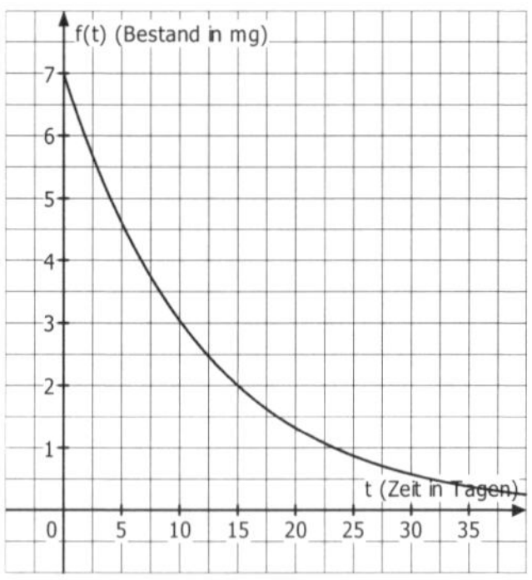
</td></tr>
<tr><td colspan="2">Merkmal
Bestand ändert sich von Zeitschritt zu Zeitschritt stets um den gleichen Faktor bzw. Prozentsatz.</td></tr>
</table>

2. Beschränktes Wachstum bzw. Zerfall

Beschränktes Wachstum	Beschränkter Zerfall
Beispiel	
Ein Glas mit Milch wird aus dem Kühlschrank (5 °C) genommen und ins Wohnzimmer (20 °C) gestellt.	Eine Pizza wird aus dem Backofen (160 °C) genommen und ins Wohnzimmer (20 °C) gelegt.

Funktionsterm : $\boldsymbol{f(t) = \mathrm{S} - a \cdot e^{-k \cdot t}}$ (mit Basis e)

$\left(\mathrm{S}\text{: Schranke; } a = \mathrm{S} - f(0) = \text{Schranke} - \text{Anfangsbestand}\right)$

($k = 0,2$ hier gegeben)

Beschränktes Wachstum	Beschränkter Zerfall
$f(t) = 20 - (20-5) \cdot e^{-0,2 \cdot t} = 20 - 15 \cdot e^{-0,2 \cdot t}$	$f(t) = 20 - (20-160) \cdot e^{-0,2 \cdot t} = 20 + 140 \cdot e^{-0,2 \cdot t}$
(Wachstum, da $a = \mathrm{S} - f(0) > 0$; Schranke größer als Anfangsbestand)	(Zerfall, da $a = \mathrm{S} - f(0) < 0$; Schranke geringer als Anfangsbestand)

Schaubild

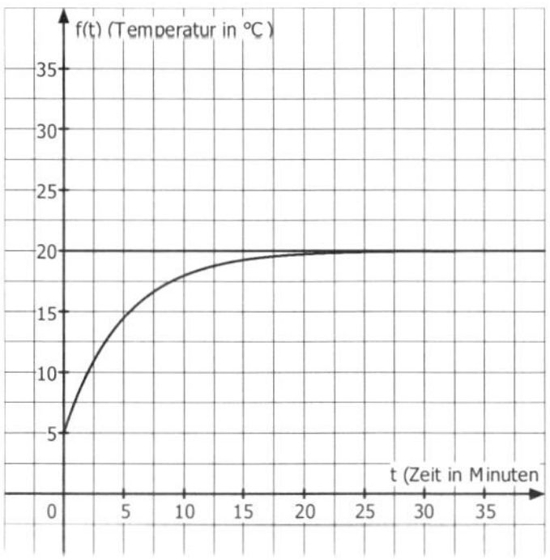

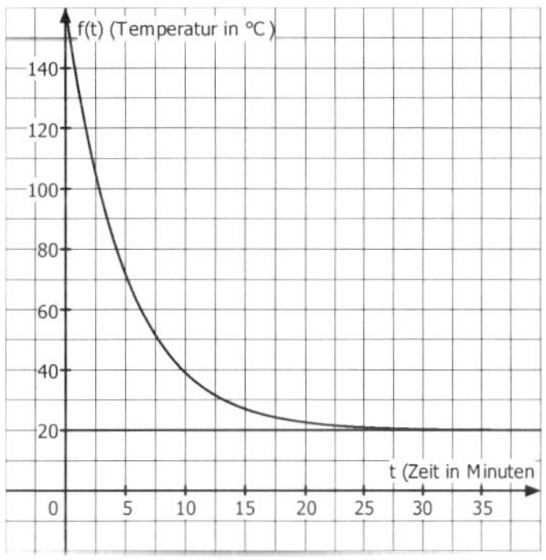

Merkmal

Der Bestand einer zu- oder abnehmenden Größe ist durch eine obere oder untere **Schranke** (**Asymptote** $y = \mathrm{S}$) beschränkt.

Integralrechnung

Fläche zwischen
Schaubild und
x-Achse

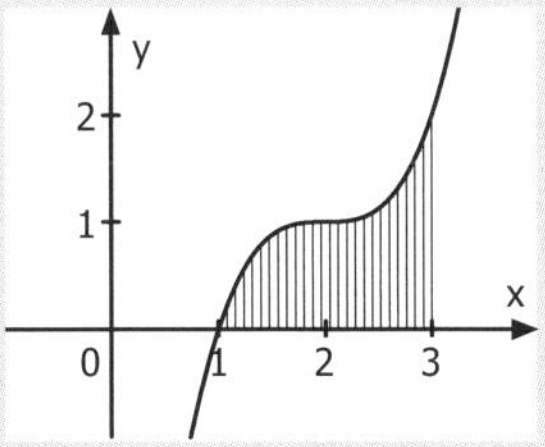

(S. 66)

„Aufleitungsregeln“
$f(x) =$
$F(x) =$

(S. 62)

Fläche zwischen
2 Kurven

(S. 68)

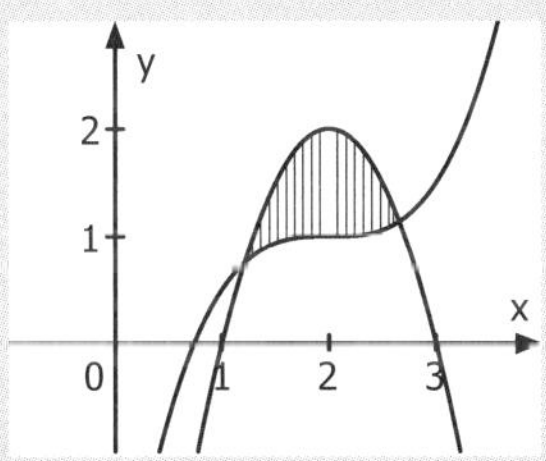

Anwendungen

(S. 72)

4. Integralrechnung

4.1 Integrationsregeln („Aufleitungsregeln“)

Nr.	Beispiel	Vorgehen
Elementarregeln		
1	$f(x) = x^5$ $F(x) = \frac{1}{6}x^6$ $f(x) = x^2$ $F(x) = \frac{1}{3}x^3$ $f(x) = 1$ $F(x) = x$ $f(x) = \frac{1}{x^2} = x^{-2}$ $F(x) = \frac{1}{-1} \cdot x^{-1} = -\frac{1}{x}$	$f(x) = x^n$ $F(x) = \frac{1}{n+1} \cdot x^{n+1}$ (Potenzregel)
2	$f(x) = e^x$ $F(x) = e^x$	*Abschreiben*
3	$f(x) = \sin(x)$ $F(x) = -\cos(x)$	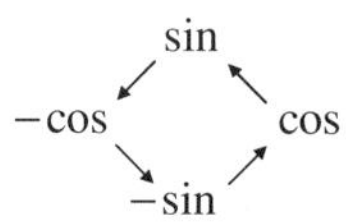 (*Gegen den Uhrzeigersinn!*)
4	$f(x) = \cos(x)$ $F(x) = \sin(x)$	

Nr.	Beispiel	Vorgehen
Vorgehensregeln		
5	$f(x) = \mathbf{2} \cdot x^2$ $F(x) = \mathbf{2} \cdot \frac{1}{3}x^3 = \frac{2}{3}x^3$	*„Zahlen" mit · oder : „bleiben"* (Faktorregel)
6	$f(x) = x^2 + \mathbf{2}$ $F(x) = \frac{1}{3}x^3 + \mathbf{2x}$	*„Zahlen" mit + oder − „erhalten ein x"*
7	$f(x) = x^2 - 4x$ $F(x) = \frac{1}{3}x^3 - 2x^2$	*+ und − Zeichen unterteilen die Funktion in Teilfunktionen, welche einzeln aufgeleitet werden* (Summenregel)

Hinweis: Die Produktregel zum „Aufleiten" (partielle Integration) wird im Abitur nicht verlangt ($f(x) = x^2 \cdot e^x \rightarrow F(x) = ?$).

Nr.	Beispiel	Vorgehen
Anwendungen der Kettenregel		
8	$f(x) = e^{2x+3}$ $F(x) = e^{2x+3} \cdot \frac{1}{2}$	$f(x) = e^{ax+b}$ $F(x) = e^{ax+b} \cdot \frac{1}{a}$
9	$f(x) = \sin(2x+3)$ $F(x) = -\cos(2x+3) \cdot \frac{1}{2}$	$f(x) = \sin(ax+b)$ $F(x) = -\cos(ax+b) \cdot \frac{1}{a}$
10	$f(x) = \cos(2x+3)$ $F(x) = \sin(2x+3) \cdot \frac{1}{2}$	$f(x) = \cos(ax+b)$ $F(x) = \sin(ax+b) \cdot \frac{1}{a}$
11	$f(x) = (2x+3)^5$ $F(x) = \frac{1}{6} \cdot (2x+3)^6 \cdot \frac{1}{2}$ $= \frac{1}{12} \cdot (2x+3)^6$ $f(x) = \frac{1}{(2x+3)^5}$ $= (2x+3)^{-5}$ $F(x) = \frac{1}{-4} \cdot (2x+3)^{-4} \cdot \frac{1}{2}$ $= -\frac{1}{8} \cdot \frac{1}{(2x+3)^4}$	$f(x) = (ax+b)^n$ $F(x) = \frac{1}{n+1} \cdot (ax+b)^{n+1} \cdot \frac{1}{a}$

Bemerkung (Integrationskonstante)

Eine Funktion hat **nur eine** Ableitungsfunktion, aber **unendlich viele** Stammfunktionen, da der hintere Summand $\boldsymbol{c}$ (genannt: Integrationskonstante) beim Ableiten verschwindet.

Allg.: $\mathrm{F}(x)=\frac{1}{3}x^3+\boldsymbol{c}$

$$\mathrm{F}(x)=\frac{1}{3}x^3 \qquad \mathrm{F}(x)=\frac{1}{3}x^3+2 \qquad \mathrm{F}(x)=\frac{1}{3}x^3-3$$

$$\nwarrow \qquad \uparrow \qquad \nearrow$$

$$f(x)=x^2$$

$$\downarrow$$

$$f'(x)=2x$$

Grafische Erklärung : c verschiebt das Schaubild der Stammfunktion nur nach oben bzw. unten und ist also für die Steigung unerheblich. Deshalb haben „alle Stammfunktionen“ F dieselbe (abgeleitete) Funktion f.

4.2 Flächeninhaltsberechnung zwischen Schaubild und x-Achse

1. Fläche oberhalb der x-Achse

Beispiel

Gegeben ist die Funktion f mit $f(x) = -x^2 + 1$.
Welchen Inhalt besitzt die schraffierte Fläche?

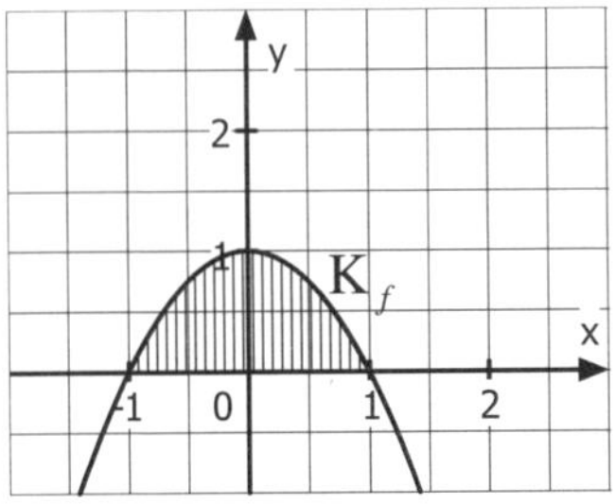

Ansatz

$$\mathbf{A} = \int_a^b f(x)\,dx = [\mathbf{F}(x)]_a^b = \mathbf{F}(b) - \mathbf{F}(a)$$

Lösung

$$A = \int_{-1}^{1} \left(-x^2 + 1\right) dx = \left[-\frac{1}{3}x^3 + x \right]_{-1}^{1} = -\frac{1}{3}\cdot 1^3 + 1 - \left(-\frac{1}{3}\cdot(-1)^3 + (-1) \right) \approx 1{,}333 \text{ FE}$$

Rechte Grenze nach oben, linke nach unten — *aufleiten* — *Rechte und linke Grenze in Stammfunktion einsetzen, voneinander subtrahieren*

Merkregel

$$\mathbf{A} = \int_{\text{linke Grenze}}^{\text{rechte Grenze}} (\textbf{Funktionsterm})\, dx$$

2. Fläche unterhalb der x-Achse

Unterschied

$$A = \int_{-1}^{1} -f(x)\,dx$$

Minuszeichen beachten!
Sonst: negatives Ergebnis

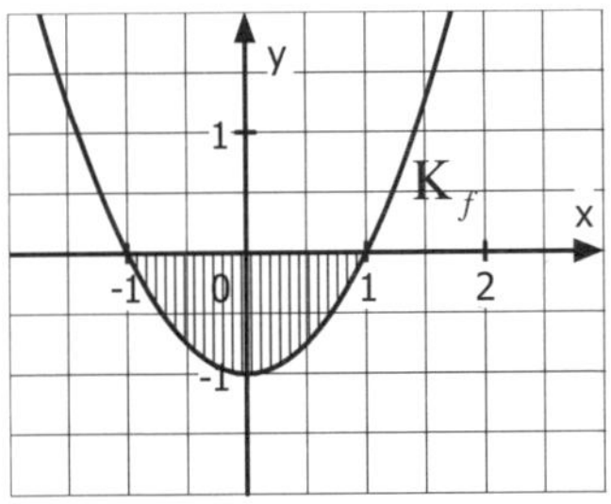

Hinweis: Falls Sie versehentlich ein negatives Ergebnis erhalten, können Sie dies korrigieren, indem Sie **Betragsstriche** setzen.

3. Zusammengesetzte Fläche

Beispiel : Gegeben ist die Funktion f mit $f(x)=\frac{1}{3}x^3-\frac{1}{6}x^2-\frac{5}{3}x$. Welchen Inhalt besitzt die schraffierte Fläche?

Vorgehen (am Beispiel)

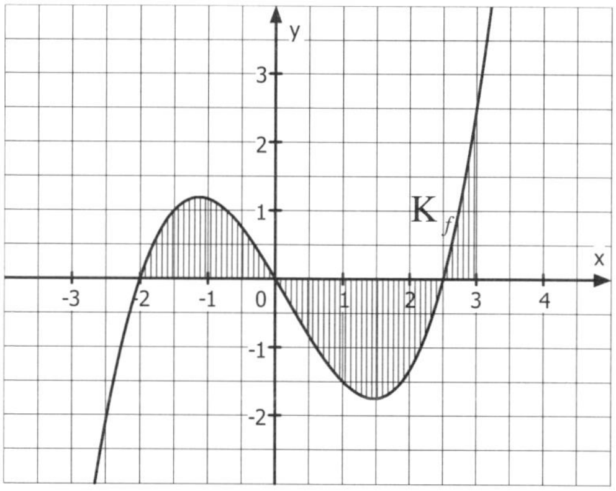

1. Nullstellen bestimmen

$f(x)=0 \rightarrow x_1=-2;\ x_2=0;\ x_3=2,5$

2. Teilflächeninhalte bestimmen

$A_1=\int_{-2}^{0} f(x)dx \approx 1,56;$

$A_2=\int_{0}^{2,5} -f(x)\,dx \approx 2,82;$

$A_3=\int_{2,5}^{3} f(x)\,dx \approx 0,57$

3. Gesamtflächeninhalt bestimmen

$A=A_1+A_2+A_3 \approx 1,56+2,82+0,57=4,95$ FE

Von Nullstelle zu Nullstelle integrieren!
Ansonsten werden positive und negative Integralwerte zu einer **„Flächenbilanz“** verrechnet.

4. Interpretation von Flächeninhalten

Der Inhalt der markierten Fläche gibt an …

Beispiel 1

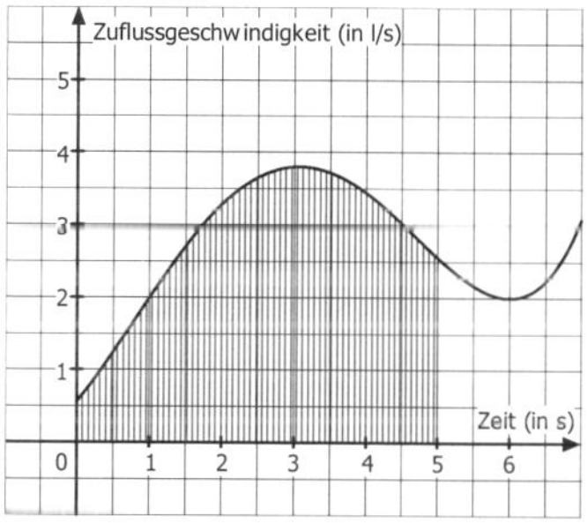

… welche Wassermenge (in l) innerhalb von 5 s zugeflossen ist.

Beispiel 2

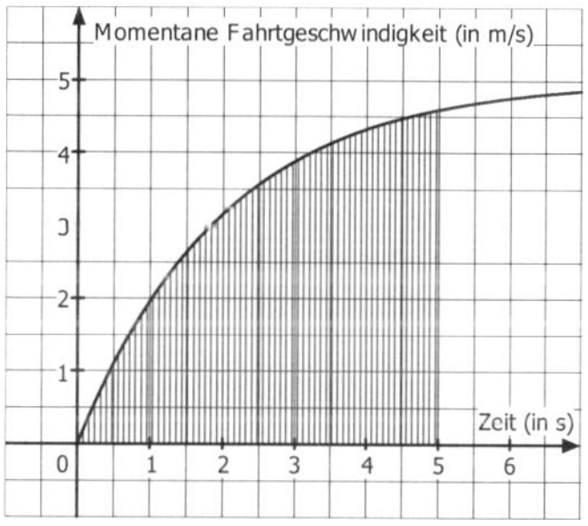

… welche Strecke (in m) innerhalb von 5 s zurückgelegt wurde.

Tipp : Einheit Integral („Fläche“) = Einheit Funktion · Einheit Variable (z.B. $m=\frac{m}{s}\cdot s$)

4.3 Flächeninhaltsberechnung zwischen zwei Schaubildern

1. Einzelfläche

Beispiel

Gegeben sind die Funktionen f mit $f(x) = -x^2 + 1$ und g mit $g(x) = x - 1$.
Welchen Inhalt besitzt die schraffierte Fläche?

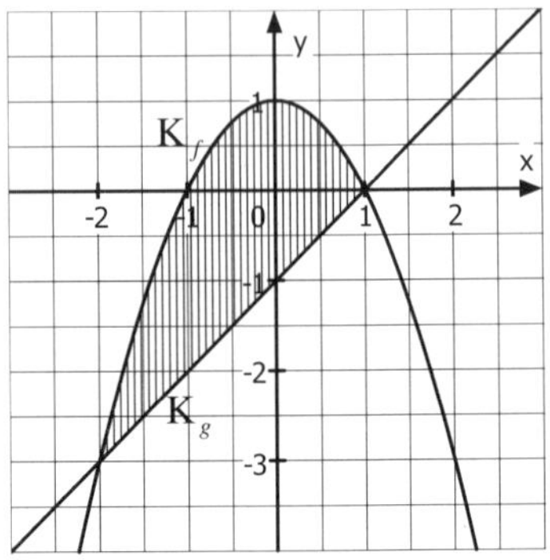

Ansatz

$$\mathbf{A} = \int_a^b \big(f(x) - g(x)\big)\,dx$$

Lösung

Rechte Grenze nach oben, linke nach unten ↘ — *Oberer Funktionsterm minus unterer Funktionsterm* ↙ — *eventuell vereinfachen* ⟶ — *aufleiten* ⟶

$$\mathrm{A} = \int_{-2}^{1} \big((-x^2+1) - (x-1)\big)\,dx = \int_{-2}^{1} \big(-x^2 - x + 2\big)\,dx = \left[-\frac{1}{3}x^3 - \frac{1}{2}x^2 + 2x\right]_{-2}^{1}$$

$$= -\frac{1}{3}\cdot 1^3 - \frac{1}{2}\cdot 1^2 + 2\cdot 1 - \left(-\frac{1}{3}\cdot(-2)^3 - \frac{1}{2}\cdot(-2)^2 + 2\cdot(-2)\right) = 4{,}5 \text{ FE}$$

⟶ *Rechte und linke Grenze in Stammfunktion einsetzen, voneinander subtrahieren*

Merkregel

$$\mathbf{A} = \int_{\text{linke Grenze}}^{\text{rechte Grenze}} (\textbf{oberer Funktionsterm} - \textbf{unterer Funktionsterm})\,dx$$

Bemerkung (Lage zur x - Achse)

Bei einer Fläche, die zwischen zwei Schaubildern liegt, ist es hingegen völlig unerheblich, ob sich diese oberhalb oder unterhalb der x-Achse befindet.

2. Zusammengesetzte Fläche

Beispiel : Gegeben sind die Funktionen f mit $f(x)=\frac{1}{4}x^3+\frac{1}{4}x^2-\frac{3}{4}x-\frac{3}{4}$ und g mit $g(x)=\frac{3}{4}x-\frac{3}{4}$. Welchen Inhalt besitzt die schraffierte Fläche?

Vorgehen (am Beispiel)

1. Schnittstellen bestimmen

$f(x)=g(x) \rightarrow x_1=-3;\ x_2=0;\ x_3=2$

2. Teilflächeninhalte bestimmen

$$A_1=\int_{-3}^{0}\left(f(x)-g(x)\right)dx\approx 3{,}94;$$

$$A_2=\int_{0}^{2}\left(g(x)-f(x)\right)dx\approx 1{,}33$$

3. Gesamtflächeninhalt bestimmen

$A=A_1+A_2\approx 3{,}94+1{,}33=5{,}27$ FE

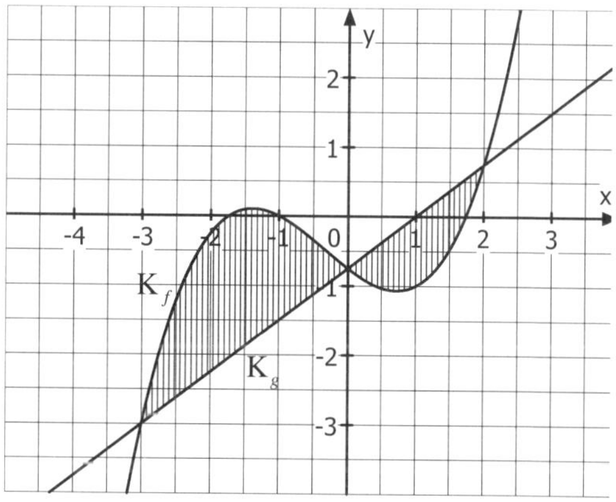

Von Schnittstelle zu Schnittstelle integrieren!
Ansonsten werden positive und negative Flächeninhaltswerte zu einer **„Flächenbilanz“** verrechnet.

Beispiel

Berechnen Sie jeweils den Inhalt der schraffierten Fläche.

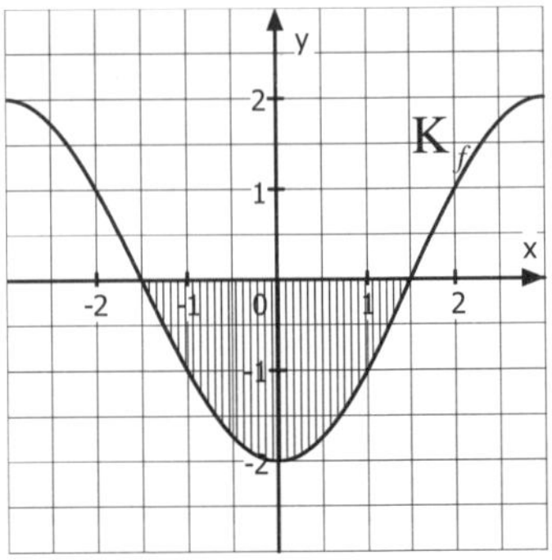

a) $f(x) = -2\cos\left(\frac{\pi}{3}x\right)$

$$A = \int_{-1,5}^{1,5} (-f(x))\,dx = \int_{-1,5}^{1,5} \left(-\left(-2\cos\left(\frac{\pi}{3}x\right)\right)\right)dx$$

$$= \int_{-1,5}^{1,5} \left(2\cos\left(\frac{\pi}{3}x\right)\right)dx = \left[2\sin\left(\frac{\pi}{3}x\right)\cdot\frac{1}{\frac{\pi}{3}}\right]_{-1,5}^{1,5}$$

$$= \left[2\sin\left(\frac{\pi}{3}x\right)\cdot\frac{3}{\pi}\right]_{-1,5}^{1,5} = \left[\frac{6}{\pi}\sin\left(\frac{\pi}{3}x\right)\right]_{-1,5}^{1,5}$$

$$= \frac{6}{\pi}\sin\left(\frac{\pi}{3}\cdot 1,5\right) - \left(\frac{6}{\pi}\sin\left(\frac{\pi}{3}\cdot(-1,5)\right)\right) \approx 1,91 - (-1,91) \approx 3,82 \text{ FE}$$

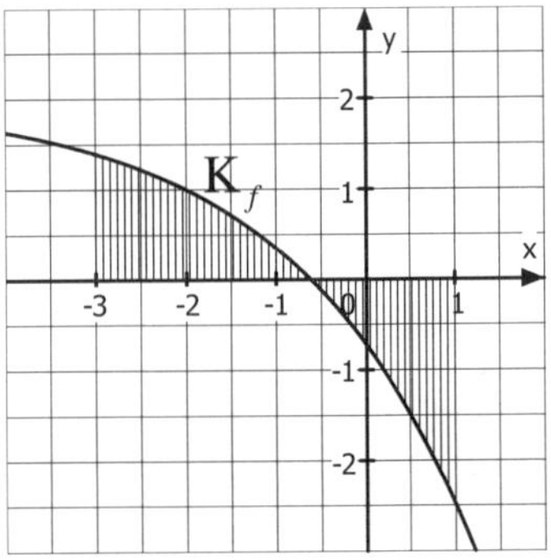

b) $f(x) = -e^{0,5x+1} + 2$

1. Nullstelle bestimmen

$$\begin{aligned} f(x) &= 0 & & \\ -e^{0,5x+1} + 2 &= 0 & & \mid +e^{0,5x+1} \\ 2 &= e^{0,5x+1} & & \mid \ln(\,) \\ \ln(2) &= 0,5x + 1 & & \mid -1 \\ -0,31 &\approx 0,5x & & \mid : 0,5 \\ -0,62 &\approx x & & \end{aligned}$$

2. Teilflächeninhalte bestimmen und 3. Gesamtflächeninhalt bestimmen

$$A \approx A_1 + A_2 \approx \int_{-3}^{-0,62} f(x)\,dx + \int_{-0,62}^{1} -f(x)\,dx$$

$$\approx \int_{-3}^{-0,62} \left(-e^{0,5x+1} + 2\right)dx + \int_{-0,62}^{1} \left(-\left(-e^{0,5x+1} + 2\right)\right)dx$$

$$\approx \left[-e^{0,5x+1}\cdot\frac{1}{0,5} + 2x\right]_{-3}^{-0,62} + \left[e^{0,5x+1}\cdot\frac{1}{0,5} - 2x\right]_{-0,62}^{1}$$

$$\approx -e^{0,5\cdot(-0,62)+1}\cdot\frac{1}{0,5}+2\cdot(-0,62)-\left(-e^{0,5\cdot(-3)+1}\cdot\frac{1}{0,5}+2\cdot(-3)\right)+$$

$$e^{0,5\cdot 1+1}\cdot\frac{1}{0,5}-2\cdot 1-\left(e^{0,5\cdot(-0,62)+1}\cdot\frac{1}{0,5}-2\cdot(-0,62)\right)$$

$$\approx -5,22-(-7,21)+6,96-5,22\approx 1,99+1,74\approx 3,73\text{ FE}$$

c) $f(x)=\frac{1}{x}$ und $g(x)=-x+4$

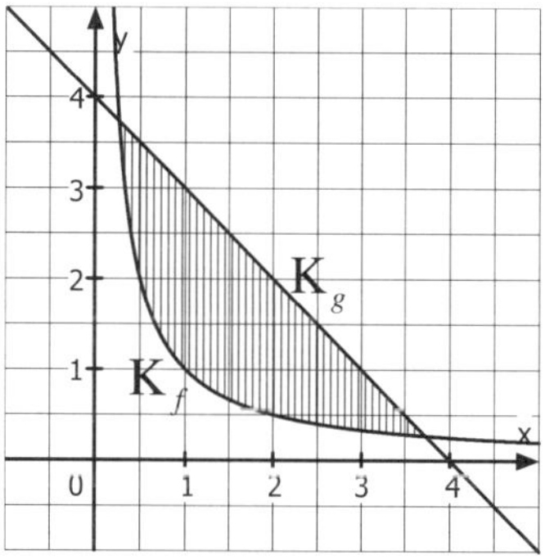

1. Schnittstellen bestimmen

$$f(x)=g(x)$$

$$\frac{1}{x}=-x+4 \qquad |\cdot x$$

$$1=-x^2+4x \qquad |+x^2-4x$$

$$x^2-4x+1=0$$

$$x_{1/2}=\frac{-(-4)\pm\sqrt{(-4)^2-4\cdot 1\cdot 1}}{2\cdot 1} \quad \text{(abc-Formel)}$$

$$=\frac{4\pm\sqrt{12}}{2}\approx\frac{4\pm 3,46}{2}$$

$$x_1\approx\frac{4+3,46}{2}=3,73; \qquad x_2\approx\frac{4-3,46}{2}=0,27$$

2. Teilflächeninhalte bestimmen und 3. Gesamtflächeninhalt bestimmen

$$A\approx\int_{0,27}^{3,73}\left(g(x)-f(x)\right)dx\approx\int_{0,27}^{3,73}\left(-x+4-\frac{1}{x}\right)dx$$

$$\approx\left[-\frac{1}{2}x^2+4x-\ln(x)\right]_{0,27}^{3,73}\approx-\frac{1}{2}\cdot 3,73^2+4\cdot 3,73-\ln(3,73)-\left(-\frac{1}{2}\cdot 0,27^2+4\cdot 0,27-\ln(0,27)\right)$$

$$\approx 4,29\text{ FE}$$

4.4 Zusatz: Wichtiges für Anwendungsorientierte Aufgaben

1. Typische Problemstellungen und benötigte Funktionen

Anwendungsorientierte Aufgaben („Textaufgaben“) thematisieren oftmals (zumindest sinngemäß) eine der nachfolgenden Problemstellungen.
Hierbei liegt der Aufgabenschwerpunkt oftmals auf dem bedeutungsmäßigen Zusammenhang zwischen Funktion und Ableitungsfunktion.

Bedeutung von $f(x)$	**Bedeutung von $f'(x)$**	**Bedeutung von $\int_a^b (f'(x))dx$**
Pflanzenhöhe (z.B. in m) in Abhängigkeit von der Zeit (z.B. in s)	Momentane Wachstumsgeschwindigkeit einer Pflanze (z.B. in m/s) in Abh. von der Zeit	Zunahme der Pflanzenhöhe zwischen zwei Zeitpunkten
Vorhandene Wassermenge (z.B. in l) in Abh. von der Zeit (z.B. in s)	Momentane Zu- bzw. Abflussgeschwindigkeit von Wasser (z.B. in l/s) in Abh. von der Zeit	Änderung der vorhandenen Wassermenge zwischen zwei Zeitpunkten
Zurückgelegte Wegstrecke (z.B. in m) in Abh. von der Zeit (z.B. in s)	Momentane Fahrtgeschwindigkeit eines Autos (z.B. in m/s) in Abh. von der Zeit	Zurückgelegte Wegstrecke zwischen zwei Zeitpunkten
Vorhandene Alkoholmenge im Blut (z.B. in g) in Abh. von der Zeit (z.B. in min)	Momentane Abbaugeschwindigkeit von Alkohol im Blut (z.B. in g/min) in Abh. von der Zeit	Änderung der vorhandenen Alkoholmenge im Blut zwischen zwei Zeitpunkten
Beschreibt die: **Aktuellen Werte der „interessierenden Größe“** in Abh. von einer anderen Größe	Beschreibt die: **Momentane Änderung der „interessierenden Größe“** in Abh. von einer anderen Größe	
Häufiges Merkmal: **„Einheit ohne Bruch“ (z.B. m)**	Häufiges Merkmal: **„Einheit mit Bruch“ (z.B. m/s)**	

Hinweis: Die obigen Zusammenhänge gelten natürlich auch zwischen Stammfunktion F(x) und der zugehörigen Funktion $f(x)$.

http://frv.tv/2h

2. Von der Aufgabenformulierung zum Rechenansatz („Schlüsselwörter")

Da sich anwendungsorientierte Aufgaben auf alle Inhalte der Analysis beziehen können, ist es oftmals schwierig, von der Aufgabenformulierung zum zugehörigen Rechenansatz zu gelangen. Die nachfolgende Zusammenstellung soll Ihnen dabei helfen.

Aufgabenformulierung	Rechenansatz
Bestand zum Beobachtungsbeginn; Anfangsbestand; Startwert; …	$f(0)$
Bestand bzw. Wert zu einem bestimmten Zeitpunkt; …	gegebenen Zeitpunkt einsetzen: $f(x_0)$
Ab welchem bzw. bis zu welchem Zeitpunkt liegt mehr bzw. weniger als ein bestimmter Bestand vor; ein bestimmter Wert wird über- bzw. unterschritten; höher bzw. geringer als; …	$f(x) = \text{Wert}$ (gleichsetzen um zum Anfangs- bzw. Endzeitpunkt zu gelangen)
Momentane Änderungsrate; Änderung zu einem Zeitpunkt; steil bzw. flach; Steigung; …	$f'(x)$ bzw. $f'(x_0)$
kleinster (geringster) bzw. größter (höchster) Wert; …	Hoch- oder Tiefpunkt von K_f
größte Änderung; stärkster Zuwachs bzw. stärkste Abnahme; steilste Stelle; …	Wendepunkt von K_f bzw. Hoch oder Tiefpunkt von $K_{f'}$
Winkel; Steigungswinkel; …	$\tan\alpha = m$
Größter bzw. kleinster Flächeninhalt, Volumen, Abstand, Länge,	Extremwertaufgabe
Langfristig, über sehr langen Zeitraum; Grenzwert; … (bei *e*-Funktion)	Asymptote
gesamt; insgesamt; …	$\int_a^b f(x)\,dx$
mittlerer; durchschnittlicher; …	$\overline{m} = \frac{1}{b-a} \cdot \int_a^b \left(f(x)\right) dx$

Beispiel

Auf der Autobahn A8 bildet sich ein Stau.
Das Koordinatensystem enthält den Graphen der Funktion f mit $f(t)$, welche die momentane Zu- bzw. Abflussrate an Autos darstellt.
(Positive Funktionswerte stehen hierbei für einen Zufluss, negative für einen Abfluss.)

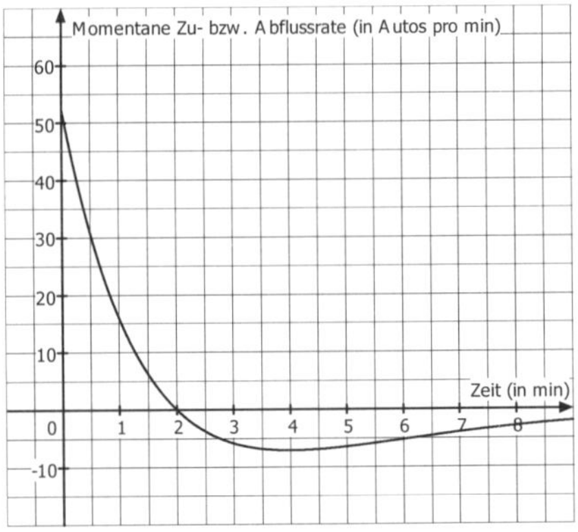

a) Notieren Sie zu jeder Aufgabenstellung einen passenden Rechenansatz.

Aufgabenformulierung	Rechenansatz
Wie viele Autos stehen in t=1 mehr im Stau als in t=0?	$\int_0^1 f(t)\,dt$
Um wie viele (betroffene) Autos hat sich der Stau zwischen der 1. und der 6. Minute verändert?	$\int_1^6 f(t)\,dt$
Wie ist die momentane Zuflussrate im Stau in t =1,4?	$f(1,4)$
Zu welchem Zeitpunkt fahren genau so viele Autos in den Stau ein, wie aus diesem heraus?	$f(t)=0$
Zu welchem Zeitpunkt verringert sich die Anzahl der im Stau stehenden Autos am stärksten?	$f'(t)=0$
Zu welchem Zeitpunkt stehen genau so viele Autos im Stau wie in t =0?	$\int_0^{t_1} f(t)\,dt=0$

Das Schaubild enthält den Graphen der zugehörigen Stammfunktion F mit F(*t*), welche die gesamte Anzahl der im Stau stehenden Autos angibt.

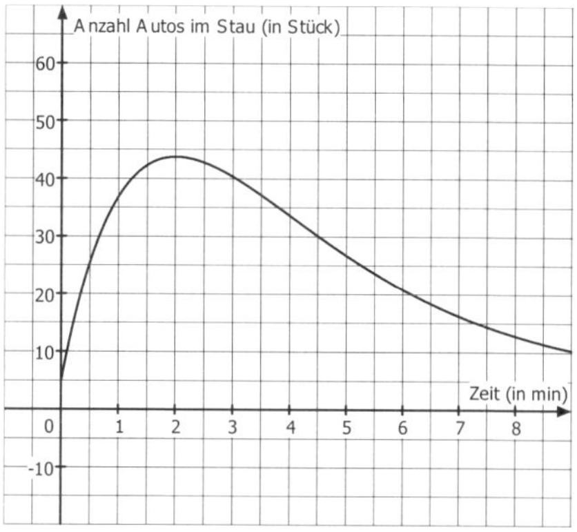

b) Notieren Sie zu jeder Aufgabenstellung einen passenden Rechenansatz.

Aufgabenformulierung	Rechenansatz
Zu welchem Zeitpunkt stehen genau 30 Autos im Stau?	$F(t) = 30$
Zu welchem Zeitpunkt fahren genau so viele Autos in den Stau ein, wie aus diesem heraus?	$F'(t) = 0$
In welchem Zeitraum verringert sich die Anzahl der Autos im Stau?	$F'(t) < 0$

Vektorgeometrie

Grundlagen

- Länge (Betrag) (S. 79)
- Addition und Subtraktion (S. 79)
- Punkte und Vektoren (S. 78)
- Skalarprodukt (S. 81)
- Vektorprodukt / Kreuzprodukt (S. 81)

Geraden

- Parameterform (S. 82)
- Aufstellen einer Geradengleichung (S. 83)
- Spurpunkte (S. 83)
- Gegenseitige Lage zweier Geraden (S. 84)

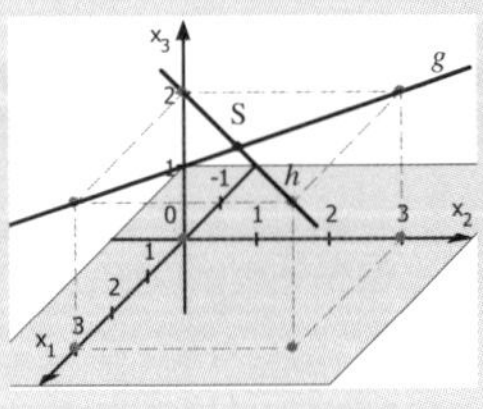

Spiegelungen
(S. 106)

Abstandsberechnungen
(S. 100)

Schnittwinkel
(S. 99)

Gegenseitige Lage:
Ebene-Ebene (S. 96)

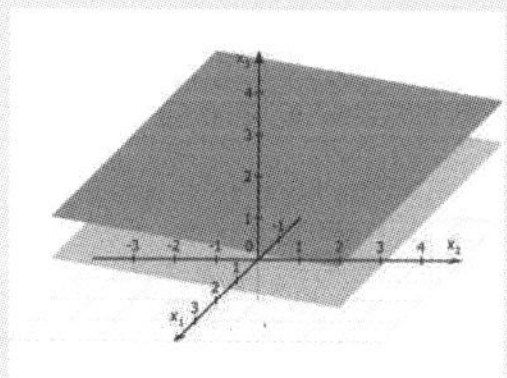

Ebenen

Ebenengleichung in ...
... Parameterform
... Koordinatenform

(S. 86–89)

Gegenseitige Lage:
Ebene-Gerade (S. 94)

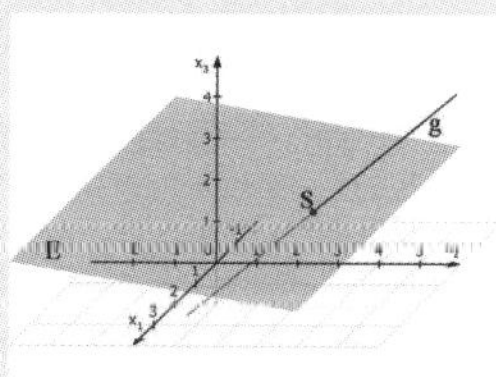

Umwandlungen der
Ebenenformen

(S. 92)

Spurpunkte und
Spurgeraden

(S. 90)

1. Vorwissen

1.1 Punkte (im $\mathbb{R}^3$)

Beispiel: $A(4|3|5)$

Vom **Ursprung** geht man
4 Einheiten nach vorne, 3 nach rechts und 5 Einheiten nach oben.

$B(-3|2|-0{,}5)$; $C(0|-2|0)$

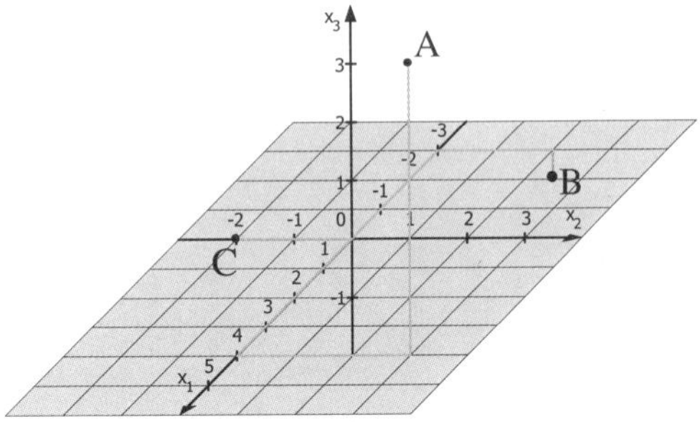

1. 2 Vektoren (im $\mathbb{R}^3$)

Beispiel: $\vec{u} = \begin{pmatrix} 3 \\ 0 \\ -3 \end{pmatrix}$

Von einem beliebigen **Anfangspunkt** geht man
3 Einheiten nach vorne und
3 Einheiten nach unten.

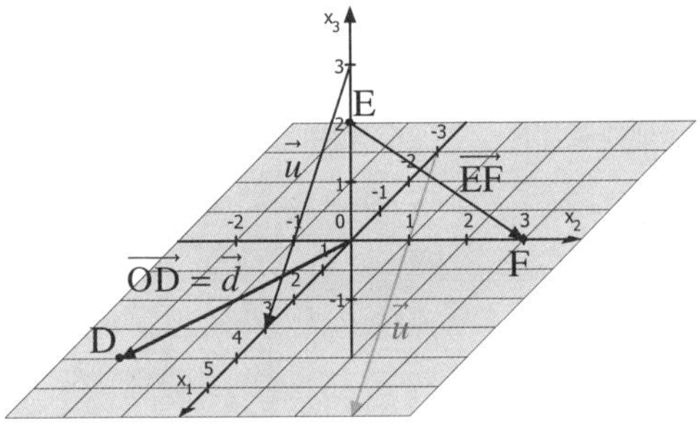

Bemerkungen

- **Ortsvektor** eines Punktes: Zeigt vom Ursprung auf den Punkt (also auf einen „Ort").

Beispiel: $D(4|-2|0)$ und $\overrightarrow{OD} = \vec{d} = \begin{pmatrix} 4 \\ -2 \\ 0 \end{pmatrix}$.

- **Verbindungsvektor** zwischen 2 Punkten:

Beispiel: $E(0|0|2)$ und $F(0|3|0) \rightarrow \overrightarrow{EF} = \vec{f} - \vec{e} = \begin{pmatrix} 0-0 \\ 3-0 \\ 0-2 \end{pmatrix} = \begin{pmatrix} 0 \\ 3 \\ -2 \end{pmatrix}$

„Verbindungsvektor = Endpunkt – Startpunkt"

- **Spezielle Vektoren**

Nullvektor $\vec{o} = \begin{pmatrix} 0 \\ 0 \\ 0 \end{pmatrix}$; Einheitsvektoren: $\vec{e_1} = \begin{pmatrix} 1 \\ 0 \\ 0 \end{pmatrix}$; $\vec{e_2} = \begin{pmatrix} 0 \\ 1 \\ 0 \end{pmatrix}$; $\vec{e_3} = \begin{pmatrix} 0 \\ 0 \\ 1 \end{pmatrix}$

http://frv.tv/2i

1.3 Rechnen mit Vektoren

1. Addition und Subtraktion von Vektoren

$$\vec{a}+\vec{b}=\begin{pmatrix}a_1\\a_2\\a_3\end{pmatrix}+\begin{pmatrix}b_1\\b_2\\b_3\end{pmatrix}=\begin{pmatrix}a_1+b_1\\a_2+b_2\\a_3+b_3\end{pmatrix}$$

$$\begin{pmatrix}1\\0\\-2\end{pmatrix}+\begin{pmatrix}3\\-1\\2\end{pmatrix}=\begin{pmatrix}4\\-1\\0\end{pmatrix}\quad \text{(Beispiel)}$$

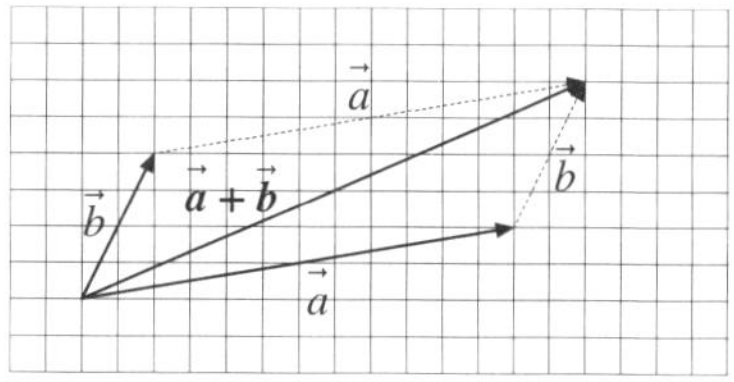

$$\vec{a}-\vec{b}=\begin{pmatrix}a_1\\a_2\\a_3\end{pmatrix}-\begin{pmatrix}b_1\\b_2\\b_3\end{pmatrix}=\begin{pmatrix}a_1-b_1\\a_2-b_2\\a_3-b_3\end{pmatrix}$$

$$\begin{pmatrix}1\\0\\-2\end{pmatrix}-\begin{pmatrix}3\\-1\\2\end{pmatrix}=\begin{pmatrix}-2\\1\\-4\end{pmatrix}\quad \text{(Beispiel)}$$

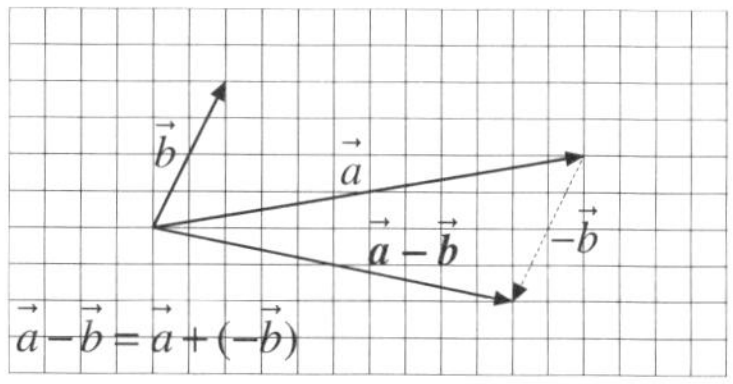

Hinweis: Grafisch wird bei der Subtraktion der Gegenvektor $-\vec{b}$ addiert.

2. Länge (Betrag) eines Vektors

$$\vec{a}=\begin{pmatrix}a_1\\a_2\\a_3\end{pmatrix}\rightarrow |\vec{a}|=\sqrt{a_1^{\,2}+a_2^{\,2}+a_3^{\,2}};\ \text{Beispiel: } \vec{a}=\begin{pmatrix}3\\0\\-4\end{pmatrix}\rightarrow |\vec{a}|=\sqrt{3^2+0^2+(-4)^2}=\sqrt{25}=5\text{ LE}$$

3. S(kalare) – Multiplikation (Zahl · Vektor)

$$k\cdot\vec{a}=\begin{pmatrix}k\cdot a_1\\k\cdot a_2\\k\cdot a_3\end{pmatrix}\ (k\in\mathbb{R})\qquad \text{Beispiel: } 2\cdot\begin{pmatrix}3\\0\\-4\end{pmatrix}=\begin{pmatrix}6\\0\\-8\end{pmatrix}$$

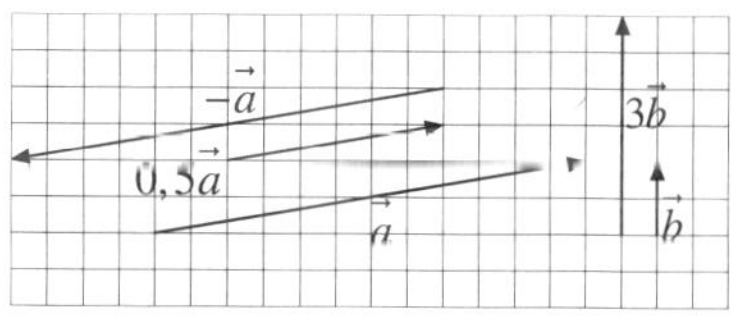

Bemerkungen

- Der Vektor $k\cdot\vec{a}$ hat die $|k|$-fache Länge von $\vec{a}$ und ist parallel zu $\vec{a}$.
- Der **Gegenvektor** $-\vec{a}$ ist parallel und besitzt die gleiche Länge wie $\vec{a}$, ist jedoch entgegengesetzt gerichtet.

Beispiel: $\vec{a}=\begin{pmatrix}-2\\1\\3\end{pmatrix};\ -\vec{a}=\begin{pmatrix}2\\-1\\-3\end{pmatrix}$

- Ein **Einheitsvektor** ist ein Vektor, dessen **Länge 1** ist. Teilt man einen gegebenen Vektor durch seine Länge (Betrag), erhält man den zugehörigen Einheitsvektor.

Beispiel: $\vec{a}=\begin{pmatrix}3\\0\\-4\end{pmatrix}$ hat die Länge $|\vec{a}|=5$; Einheitsvektor: $\vec{a_0}=\frac{1}{|\vec{a}|}\cdot\vec{a}=\frac{1}{5}\cdot\begin{pmatrix}3\\0\\-4\end{pmatrix}=\begin{pmatrix}0{,}6\\0\\-0{,}8\end{pmatrix}$

4. Linearkombination von Vektoren

$\boldsymbol{k \cdot \vec{a} + l \cdot \vec{b}}$ (mit $k, l \in \mathbb{R}$)

ist eine Summe von Vielfachen von Vektoren. Man bildet auf diese Art „neue“ Vektoren.

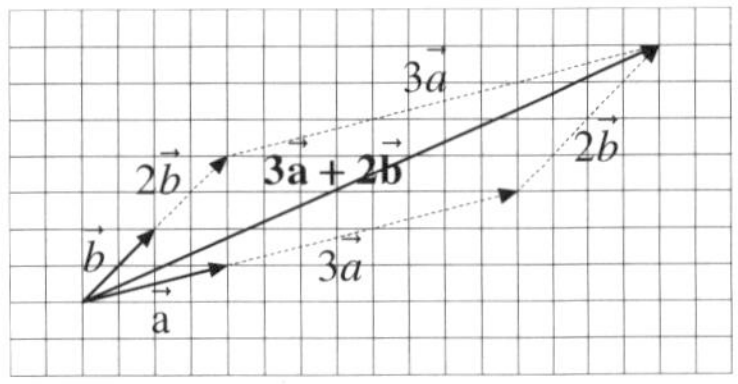

5. Lineare Abhängigkeit und Unabhängigkeit

2 Vektoren im $\mathbb{R}^2$

$\vec{a}$ und $\vec{b}$ sind linear abhängig

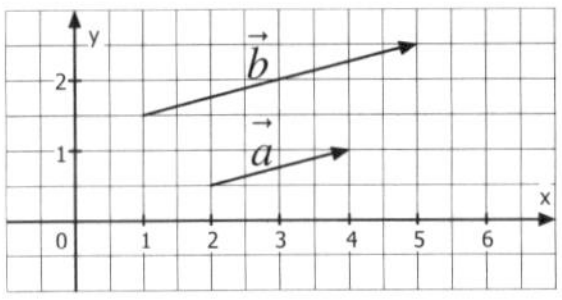

Beispiel: $\begin{pmatrix} 4 \\ 1 \end{pmatrix} = 2 \cdot \begin{pmatrix} 2 \\ 0{,}5 \end{pmatrix}$

Es gilt: $\vec{b} = k \cdot \vec{a}$ (mit $k \in \mathbb{R}$)

Der Vektor $\vec{b}$ ist ein (skalares) **Vielfaches** des Vektors $\vec{a}$. $\vec{a}$ und $\vec{b}$ sind **parallel**.

$\vec{a}$ und $\vec{b}$ sind linear unabhängig

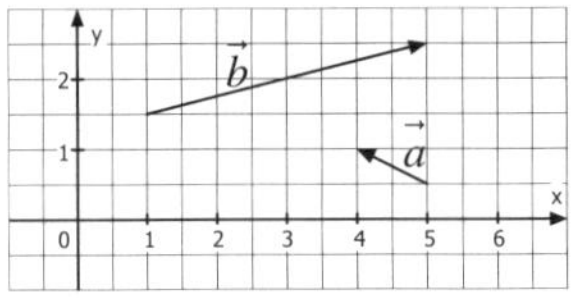

Beispiel: $\begin{pmatrix} 4 \\ 1 \end{pmatrix} \neq k \cdot \begin{pmatrix} -1 \\ 0{,}5 \end{pmatrix}$

Es gilt: $\vec{b} \neq k \cdot \vec{a}$ (mit $k \in \mathbb{R}$)

$\vec{a}$ und $\vec{b}$ sind **nicht parallel**.

3 Vektoren im $\mathbb{R}^3$

$\vec{a}, \vec{b}$ und $\vec{c}$ sind linear abhängig

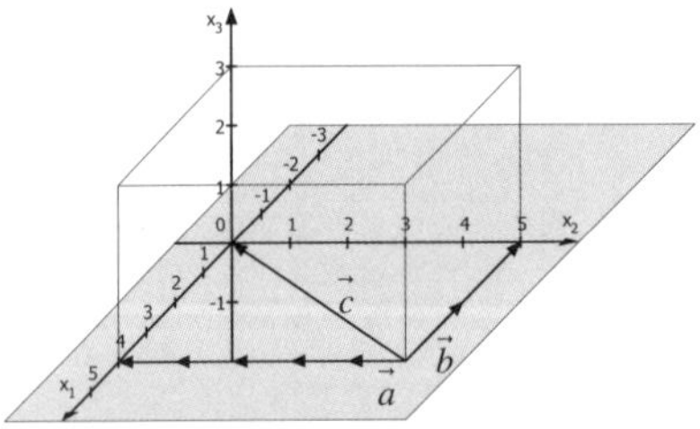

Beispiel: $\vec{c} = 5\vec{a} + 2\vec{b}$

Es gilt: $\vec{c} = k \cdot \vec{a} + l \cdot \vec{b}$ (mit $k, l \in \mathbb{R}$)

Der Vektor $\vec{c}$ lässt sich als **Linear-kombination** aus $\vec{a}$ und $\vec{b}$ darstellen.

$\vec{a}$, $\vec{b}$ und $\vec{c}$ **liegen in einer Ebene**.

$\vec{a}, \vec{b}$ und $\vec{c}$ sind linear unabhängig

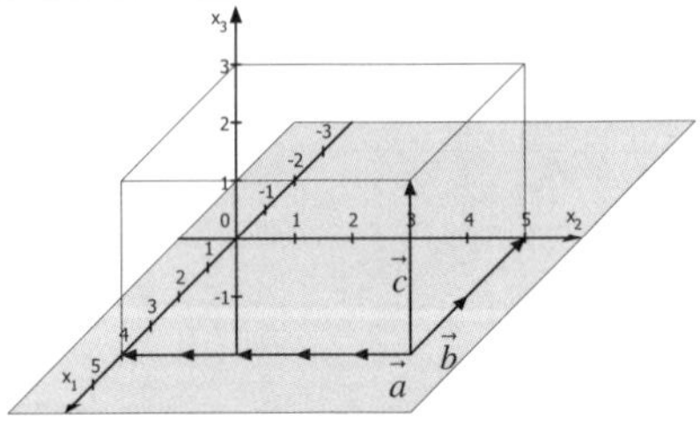

Kein Vektor lässt sich als **Linear-kombination** aus den beiden anderen Vektoren darstellen.

$\vec{a}$, $\vec{b}$ und $\vec{c}$ **spannen einen Raum auf**.

Bedeutung der linearen Unabhängigkeit

- Durch eine Linearkombination aus 3 linear unabhängigen Vektoren kann jeder beliebige Vektor im $\mathbb{R}^3$ dargestellt werden.
- 2 linear unabhängige Vektoren spannen im $\mathbb{R}^3$ eine Ebene auf.

http://frv.tv/2k

6. Skalarprodukt (Vektor ∘ Vektor)

Das Skalarprodukt zweier Vektoren **ergibt eine reelle Zahl**.

$$\begin{pmatrix} a_1 \\ a_2 \\ a_3 \end{pmatrix} \circ \begin{pmatrix} b_1 \\ b_2 \\ b_3 \end{pmatrix} = a_1 \cdot b_1 + a_2 \cdot b_2 + a_3 \cdot b_3 \qquad \text{Beispiel: } \begin{pmatrix} 2 \\ 0 \\ -1 \end{pmatrix} \circ \begin{pmatrix} 4 \\ -2 \\ 3 \end{pmatrix} = 2 \cdot 4 + 0 \cdot (-2) + (-1) \cdot 3 = 5$$

Das Skalarprodukt wird vor allem dazu verwendet, um zu untersuchen, ob zwei Vektoren **senkrecht (orthogonal)** aufeinander stehen. In diesem Fall ergibt ihr **Skalarprodukt 0**.

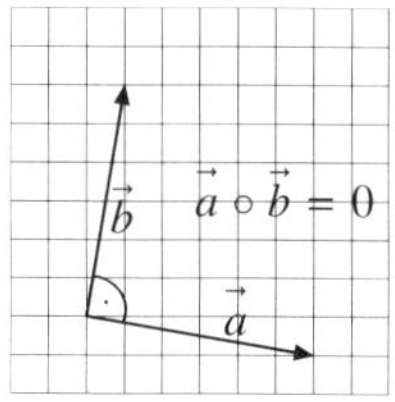

Beispiel: $\vec{a} \circ \vec{b} = \begin{pmatrix} 1 \\ 1 \\ -4 \end{pmatrix} \circ \begin{pmatrix} -1 \\ 9 \\ 2 \end{pmatrix} = 1 \cdot (-1) + 1 \cdot 9 + (-4) \cdot 2 = 0$

Somit stehen $\vec{a}$ und $\vec{b}$ senkrecht aufeinander.

7. Vektorprodukt bzw. Kreuzprodukt (Vektor × Vektor)

Hinweis: Das Vektorprodukt steht nicht verpflichtend im Bildungsplan. Es kann jedoch oft eingesetzt werden und erspart dann erheblich Rechenaufwand.

Das Vektorprodukt zweier Vektoren **ergibt einen Vektor**, der auf **beiden Vektoren senkrecht** steht.

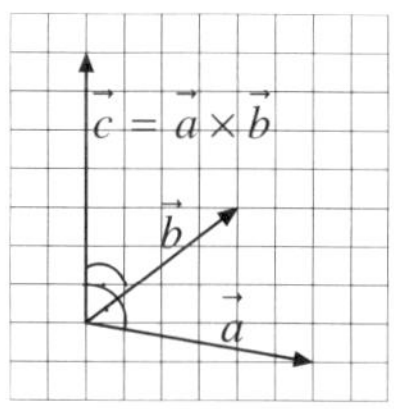

$$\vec{c} = \vec{a} \times \vec{b} = \begin{pmatrix} a_1 \\ a_2 \\ a_3 \end{pmatrix} \times \begin{pmatrix} b_1 \\ b_2 \\ b_3 \end{pmatrix} = \begin{pmatrix} a_2 \cdot b_3 - a_3 \cdot b_2 \\ a_3 \cdot b_1 - a_1 \cdot b_3 \\ a_1 \cdot b_2 - a_2 \cdot b_1 \end{pmatrix}$$

(Hilfsschema)

$$\begin{pmatrix} \not{a}_1 & \not{b}_1 \\ a_2 & b_2 \\ a_3 & b_3 \\ a_1 & b_1 \\ a_2 & b_2 \\ \not{a}_3 & \not{b}_3 \end{pmatrix}$$

Beispiel:

$$\vec{c} = \begin{pmatrix} 2 \\ -1 \\ 3 \end{pmatrix} \times \begin{pmatrix} -3 \\ 2 \\ 0 \end{pmatrix} = \begin{pmatrix} (-1) \cdot 0 & - 3 \cdot 2 \\ 3 \cdot (-3) & - 2 \cdot 0 \\ 2 \cdot 2 & - (-1) \cdot (-3) \end{pmatrix} = \begin{pmatrix} -6 \\ -9 \\ 1 \end{pmatrix}$$

$$\begin{pmatrix} \not{2} & \not{-3} \\ -1 & 2 \\ 3 & 0 \\ 2 & -3 \\ -1 & 2 \\ \not{3} & \not{0} \end{pmatrix}$$

Anwendungen des Vektorproduktes

Berechnung des Flächeninhaltes des durch die Vektoren $\vec{a}$ und $\vec{b}$ aufgespannten

- **Parallelogramms:** $A = |\vec{a} \times \vec{b}|$
- **Dreiecks:** $A = \frac{1}{2}|\vec{a} \times \vec{b}|$

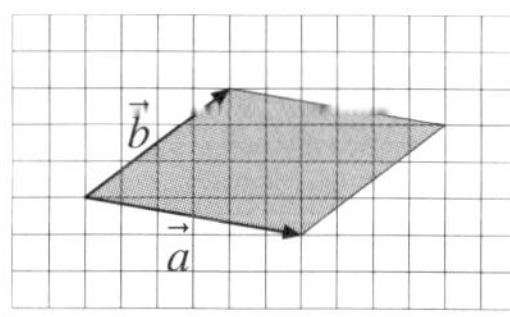

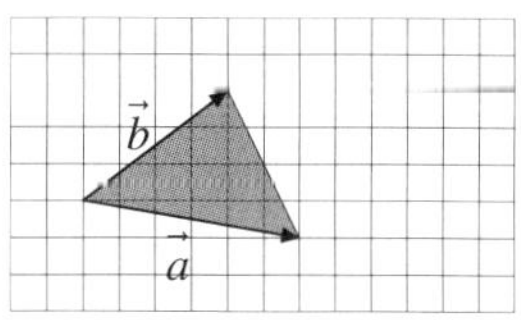

http://frv.tv/2l

2. Geraden

2.1 Geradengleichungen in Parameterform

Die Punkt-Richtungs-Form:

$g: \vec{x} = \vec{p} + \lambda \cdot \vec{u}$ (mit $\lambda \in \mathbb{R}$)

- $\vec{p}$: Stützvektor (Ortsvektor des Stützpunktes P)
- $\vec{u}$: Richtungsvektor
- λ: Parameter (mit $\lambda \in \mathbb{R}$)

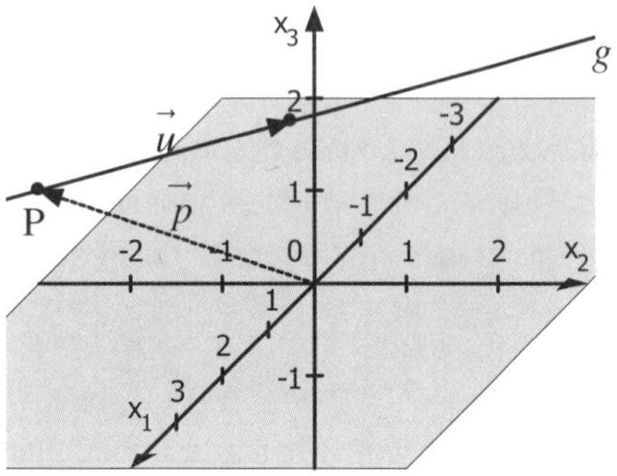

Beispiel: $g: \vec{x} = \begin{pmatrix} 2 \\ -2 \\ 2 \end{pmatrix} + \lambda \cdot \begin{pmatrix} -0,5 \\ 2,5 \\ 0,5 \end{pmatrix}$ (mit $\lambda \in \mathbb{R}$)

Spezielle Geraden : z.B. x_1-Achse: $\vec{x} = \begin{pmatrix} 0 \\ 0 \\ 0 \end{pmatrix} + \lambda \cdot \begin{pmatrix} 1 \\ 0 \\ 0 \end{pmatrix}$; x_3-Achse: $\vec{x} = \begin{pmatrix} 0 \\ 0 \\ 0 \end{pmatrix} + \lambda \cdot \begin{pmatrix} 0 \\ 0 \\ 1 \end{pmatrix}$

Elementare Aufgabenstellungen

- **Geradenpunkte ermitteln**

Beispiel: Bestimmung eines Punktes auf $g: \vec{x} = \begin{pmatrix} 2 \\ -2 \\ 2 \end{pmatrix} + \lambda \cdot \begin{pmatrix} -0,5 \\ 2,5 \\ 0,5 \end{pmatrix}$ (mit $\lambda \in \mathbb{R}$).

Einsetzen eines beliebigen Wertes für λ (z.B. $\lambda = 2$):

$$\overrightarrow{OD} = \begin{pmatrix} 2 \\ -2 \\ 2 \end{pmatrix} + 2 \cdot \begin{pmatrix} -0,5 \\ 2,5 \\ 0,5 \end{pmatrix} = \begin{pmatrix} 1 \\ 3 \\ 3 \end{pmatrix} \rightarrow D(1|3|3).$$

- **Überprüfen, ob ein Punkt auf einer Geraden liegt (Punktprobe)**

Beispiel: Liegt $Q(0|8|4)$ auf der Geraden $g: \vec{x} = \begin{pmatrix} 2 \\ -2 \\ 2 \end{pmatrix} + \lambda \cdot \begin{pmatrix} -0,5 \\ 2,5 \\ 0,5 \end{pmatrix}$ (mit $\lambda \in \mathbb{R}$)?

Der Ortsvektor von Q wird für $\vec{x}$ eingesetzt, man erhält ein LGS.

$$\begin{pmatrix} 0 \\ 8 \\ 4 \end{pmatrix} = \begin{pmatrix} 2 \\ -2 \\ 2 \end{pmatrix} + \lambda \cdot \begin{pmatrix} -0,5 \\ 2,5 \\ 0,5 \end{pmatrix} \Leftrightarrow \begin{array}{l} 0 = 2 - 0,5\lambda \Leftrightarrow \lambda = 4 \\ 8 = -2 + 2,5\lambda \Leftrightarrow \lambda = 4 \\ 4 = 2 + 0,5\lambda \Leftrightarrow \lambda = 4 \end{array}$$

LGS ist eindeutig lösbar, somit liegt Q auf der Geraden.
(Bei verschiedenen Ergebnissen (Widerspruch) liegt der Punkt nicht auf der Geraden.)

http://frv.tv/2m

• Aufstellen einer Geradengleichung aus zwei Punkten

Zwei-Punkte-Form:

$\boldsymbol{g: \vec{x} = \overrightarrow{OA} + \lambda \cdot \overrightarrow{AB}}$ (mit $\lambda \in \mathbb{R}$)

- $\overrightarrow{OA} = \vec{a}$, der Ortsvektor des Punktes A, wird als Stützvektor verwendet
- $\overrightarrow{AB} = \vec{b} - \vec{a}$, der Verbindungsvektor der Punkte A und B, bildet den Richtungsvektor
- λ: Parameter (mit $\lambda \in \mathbb{R}$)

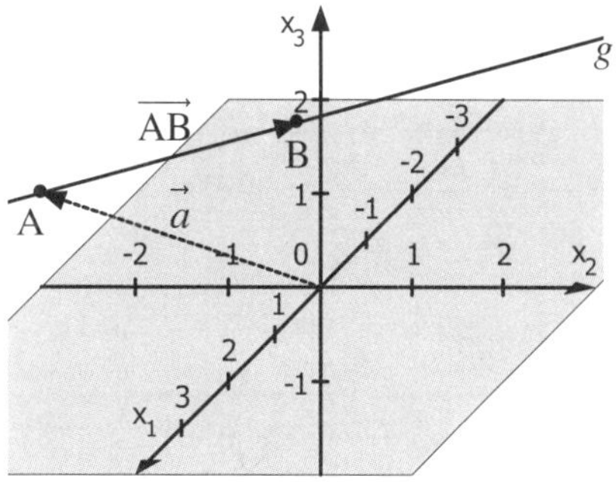

Beispiel: Gerade durch $A(2|-2|2)$ und $B(1{,}5|0{,}5|2{,}5)$.

$$g: \vec{x} = \begin{pmatrix} 2 \\ -2 \\ 2 \end{pmatrix} + \lambda \cdot \begin{pmatrix} 1{,}5-2 \\ 0{,}5-(-2) \\ 2{,}5-2 \end{pmatrix} \Leftrightarrow g: \vec{x} = \begin{pmatrix} 2 \\ -2 \\ 2 \end{pmatrix} + \lambda \cdot \begin{pmatrix} -0{,}5 \\ 2{,}5 \\ 0{,}5 \end{pmatrix} \text{ (mit } \lambda \in \mathbb{R})$$

Hinweis : Die Gleichung einer Geraden ist nicht eindeutig. Durch „Vertauschen" der Punkte erhält man eine „zahlenmäßig andere" Gleichung (derselben Geraden):

$$g: \vec{x} = \begin{pmatrix} 1{,}5 \\ 0{,}5 \\ 2{,}5 \end{pmatrix} + \lambda \cdot \begin{pmatrix} 0{,}5 \\ -2{,}5 \\ -0{,}5 \end{pmatrix} \text{ (mit } \lambda \in \mathbb{R})$$

• Spurpunkte ermitteln (Schnittpunkte einer Geraden mit den Koordinatenebenen)

Beispiel: Berechnen des Schnittpunktes von $g: \vec{x} = \begin{pmatrix} 3 \\ -2 \\ 0 \end{pmatrix} + \lambda \cdot \begin{pmatrix} -3 \\ 4 \\ 3 \end{pmatrix}$ mit der x_2x_3-Ebene.

Da der gesuchte Schnittpunkt in der x_2x_3-Ebene liegt, hat seine x_1-Koordinate den Wert 0
$S_{x_2x_3}(0|\ldots|\ldots)$.
Dies wird in die Geradengleichung für x_1 eingesetzt: $0 = 3 - 3\lambda \Rightarrow \lambda = 1$.
Nun wird $\lambda = 1$ eingesetzt:

$$\vec{x} = \begin{pmatrix} 3 \\ -2 \\ 0 \end{pmatrix} + 1 \cdot \begin{pmatrix} -3 \\ 4 \\ 3 \end{pmatrix} = \begin{pmatrix} 0 \\ 2 \\ 3 \end{pmatrix} \Rightarrow S_{23}(0|2|3)$$

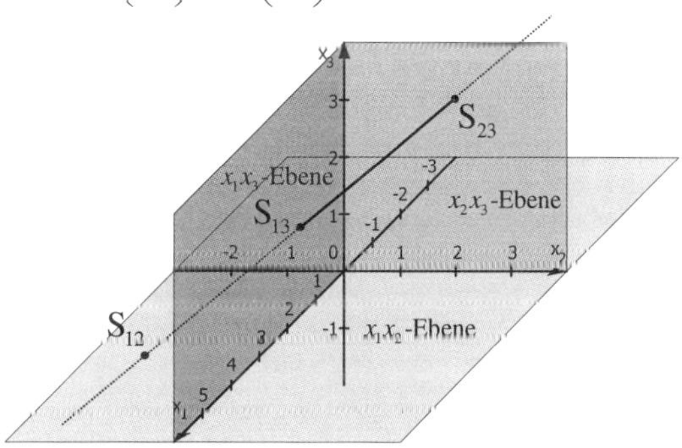

Beachten Sie: Für den Schnittpunkt mit der $\left\{\begin{matrix} \boldsymbol{x_1x_2}\textbf{-Ebene} \\ \boldsymbol{x_1x_3}\textbf{-Ebene} \\ \boldsymbol{x_2x_3}\textbf{-Ebene} \end{matrix}\right\}$ wird $\left\{\begin{matrix} \boldsymbol{x_3 = 0} \\ \boldsymbol{x_2 = 0} \\ \boldsymbol{x_1 = 0} \end{matrix}\right\}$ gesetzt.

2.2 Gegenseitige Lage von Geraden

Beispiel 1

$$g: \vec{x} = \begin{pmatrix}1\\-5\\5\end{pmatrix} + \lambda\cdot\begin{pmatrix}2\\1\\1\end{pmatrix} \text{ und } h: \vec{x} = \begin{pmatrix}3\\1\\9\end{pmatrix} + \mu\cdot\begin{pmatrix}1\\3\\2\end{pmatrix}$$

Beispiel 2

$$g: \vec{x} = \begin{pmatrix}1\\2\\0\end{pmatrix} + \lambda\cdot\begin{pmatrix}1\\2\\1\end{pmatrix} \text{ und } h: \vec{x} = \begin{pmatrix}2\\2\\2\end{pmatrix} + \mu\cdot\begin{pmatrix}4\\8\\4\end{pmatrix}$$

Vorgehen

<table>
<tr><td colspan="2">Schritt 1: Gleichsetzen.</td></tr>
<tr><td>$$\begin{pmatrix}1\\-5\\5\end{pmatrix} + \lambda\cdot\begin{pmatrix}2\\1\\1\end{pmatrix} = \begin{pmatrix}3\\1\\9\end{pmatrix} + \mu\cdot\begin{pmatrix}1\\3\\2\end{pmatrix}$$</td><td>$$\begin{pmatrix}1\\2\\0\end{pmatrix} + \lambda\cdot\begin{pmatrix}1\\2\\1\end{pmatrix} = \begin{pmatrix}2\\2\\2\end{pmatrix} + \mu\cdot\begin{pmatrix}4\\8\\4\end{pmatrix}$$</td></tr>
<tr><td colspan="2">Schritt 2: LGS in λ und μ ordnen.</td></tr>
<tr><td>$$\begin{array}{rcl} 1+2\lambda &=& 3+\mu \\ -5+\lambda &=& 1+3\mu \\ 5+\lambda &=& 9+2\mu \end{array} \Leftrightarrow \begin{array}{rcll} 2\lambda-\mu &=& 2 & (1) \\ \lambda-3\mu &=& 6 & (2) \\ \lambda-2\mu &=& 4 & (3) \end{array}$$</td><td>$$\begin{array}{rcl} 1+\lambda &=& 2+4\mu \\ 2+2\lambda &=& 2+8\mu \\ 0+\lambda &=& 2+4\mu \end{array} \Leftrightarrow \begin{array}{rcll} \lambda-4\mu &=& 1 & (1) \\ 2\lambda-8\mu &=& 0 & (2) \\ \lambda-4\mu &=& 2 & (3) \end{array}$$</td></tr>
<tr><td colspan="2">Schritt 3: LGS aus zwei (beliebig) ausgewählten Gleichungen mit dem Gauß-Verfahren lösen. Mit der Lösung dann eine Probe in der verbliebenen Gleichung durchführen.</td></tr>
<tr><td>LGS aus den Gleichungen (2) und (3):
$$\left(\begin{array}{cc|c} 1 & -3 & 6 \\ 1 & -2 & 4 \end{array}\right) \leftarrow -$$
$$\left(\begin{array}{cc|c} 1 & -3 & 6 \\ 0 & -1 & 2 \end{array}\right)$$
Man erhält $\boldsymbol{\mu = -2}$.
Einsetzen: $\lambda - 3\cdot(-2) = 6 \Leftrightarrow \boldsymbol{\lambda = 0}$.

Probe in (1): $2\cdot 0-(-2) = 2 \Leftrightarrow 2 = 2$

Das LGS hat also eine eindeutige Lösung.</td><td>LGS aus den Gleichungen (1) und (3):
$$\left(\begin{array}{cc|c} 1 & -4 & 1 \\ 1 & -4 & 2 \end{array}\right) \leftarrow -$$
$$\left(\begin{array}{cc|c} 1 & -3 & 6 \\ 0 & 0 & -1 \end{array}\right)$$

($0 = -1$ Widerspruch)

Das LGS hat also keine Lösung.</td></tr>
</table>

http://frv.tv/9j

Schritt 4: Interpretation anhand der nachfolgenden **Übersicht**.

LGS hat **eindeutige Lösung**.
Geraden **schneiden sich** in einem Punkt.

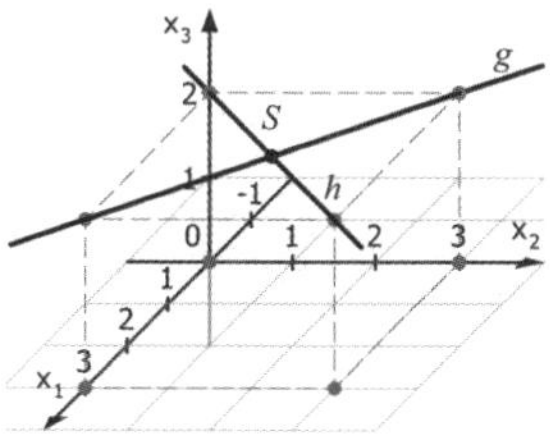

LGS hat **keine Lösung**.

↓

Sind die Richtungsvektoren Vielfache voneinander?

ja – Geraden sind **parallel**.

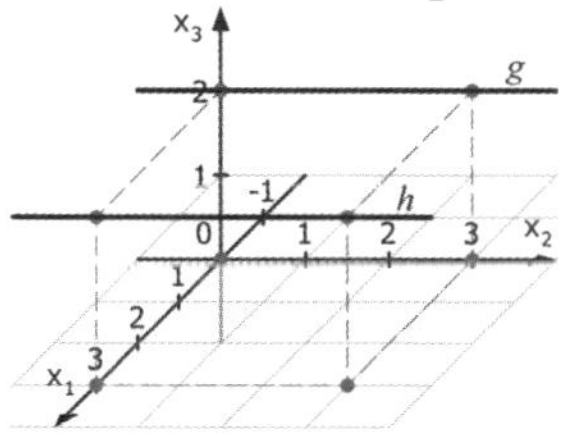

nein – Geraden sind **windschief**.

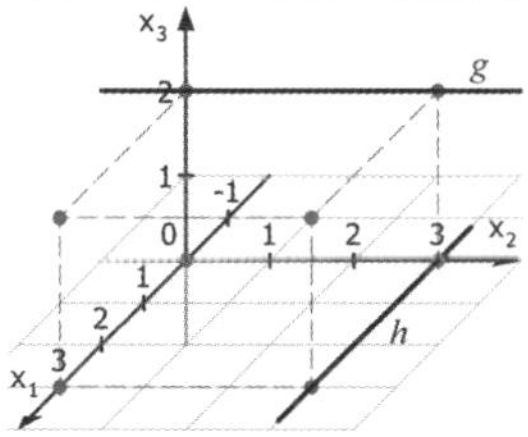

LGS hat **unendlich viele Lösungen**.
Geraden sind **identisch**.

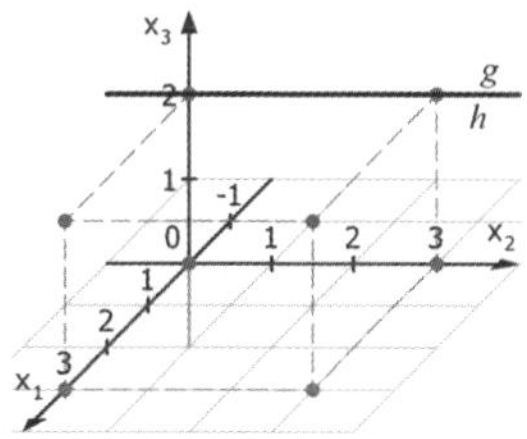

zurück zu Beispiel 1: Die beiden Geraden **schneiden** sich also in einem Punkt.	zurück zu Beispiel 2: Die beiden Geraden sind also **parallel oder windschief**.

Eventuell Schritt 5: Ergebnisabhängige weitere Berechnungen.

Berechnung der Koordinaten des **Schnittpunktes** durch Einsetzen von $\lambda = 0$ in g (oder $\mu = -2$ in h): $\overrightarrow{OS} = \begin{pmatrix} 1 \\ -5 \\ 5 \end{pmatrix} + 0 \cdot \begin{pmatrix} 2 \\ 1 \\ 1 \end{pmatrix} = \begin{pmatrix} 1 \\ -5 \\ 5 \end{pmatrix} \rightarrow S(1 \mid -5 \mid 5)$	Es gilt: $\begin{pmatrix} 4 \\ 8 \\ 4 \end{pmatrix} = 4 \cdot \begin{pmatrix} 1 \\ 2 \\ 1 \end{pmatrix}$ Die beiden Richtungsvektoren sind (skalare) **Vielfache** voneinander. Somit liegen die Geraden **parallel** zueinander.

„Abkürzung"

Wird gleich zu Beginn erkannt, dass die **Richtungsvektoren Vielfache** voneinander sind (Beispiel 2), so sind die Geraden entweder **parallel** oder **identisch**.
Befindet sich der Stützpunkt der einen Geraden auf der anderen Geraden (**Punktprobe** mit Stützvektor), so sind die Geraden identisch. Ansonsten sind sie parallel.

3. Ebenen

3.1 Ebenengleichungen in Parameterform

Die Punkt-Richtungs-Form:

$$\mathbf{E:}\ \vec{x} = \vec{p} + \lambda \cdot \vec{u} + \mu \cdot \vec{v} \quad (\text{mit } \lambda, \mu \in \mathbb{R})$$

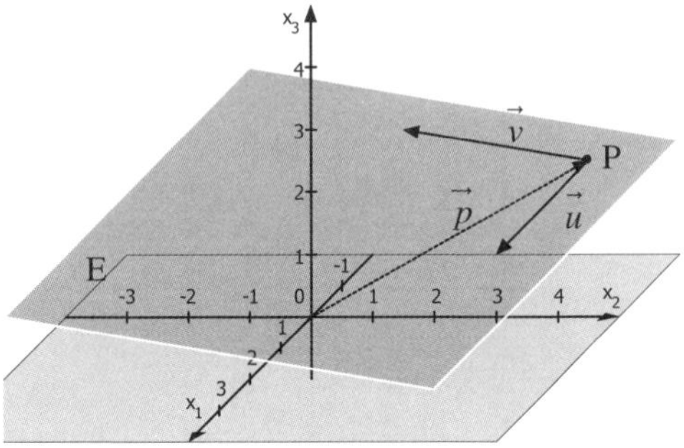

- $\vec{p}$: Stützvektor (Ortsvektor des Stützpunktes P)
- $\vec{u}$, $\vec{v}$: Spannvektoren (keine Vielfachen voneinander)
- λ, μ: Parameter (mit $\lambda, \mu \in \mathbb{R}$)

Beispiel: $\mathrm{E}: \vec{x} = \begin{pmatrix} -3 \\ 3 \\ 1 \end{pmatrix} + \lambda \cdot \begin{pmatrix} 3 \\ 0 \\ 0 \end{pmatrix} + \mu \cdot \begin{pmatrix} 0 \\ -3 \\ 0{,}5 \end{pmatrix}$

Die Koordinatenebenen in der Parametermeterform

x_1x_2-Ebene: $\vec{x} = \begin{pmatrix} 0 \\ 0 \\ \mathbf{0} \end{pmatrix} + \lambda \cdot \begin{pmatrix} 1 \\ 0 \\ \mathbf{0} \end{pmatrix} + \mu \cdot \begin{pmatrix} 0 \\ 1 \\ \mathbf{0} \end{pmatrix}$

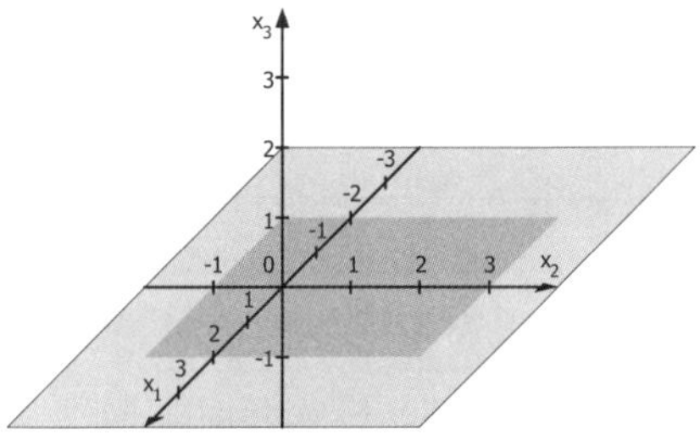

x_2x_3-Ebene: $\vec{x} = \begin{pmatrix} \mathbf{0} \\ 0 \\ 0 \end{pmatrix} + \lambda \cdot \begin{pmatrix} \mathbf{0} \\ 1 \\ 0 \end{pmatrix} + \mu \cdot \begin{pmatrix} \mathbf{0} \\ 0 \\ 1 \end{pmatrix}$

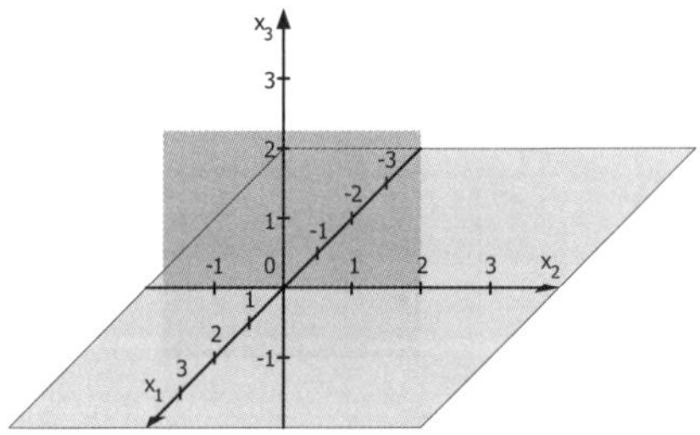

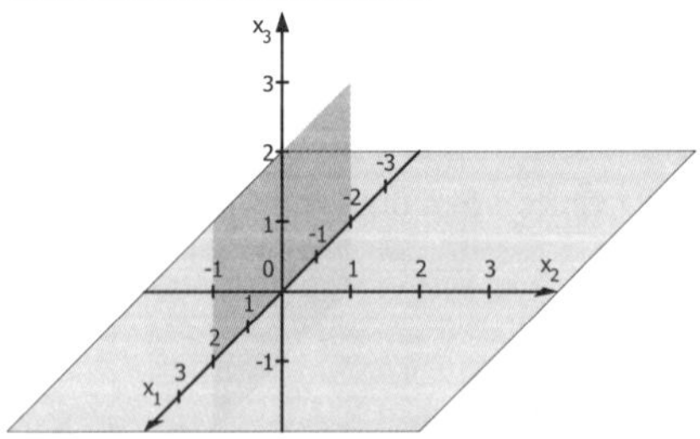

http://frv.tv/9e

Elementare Aufgabenstellungen in der Parameterform

• Überprüfen, ob ein Punkt in einer Ebene liegt (Punktprobe)

Beispiel: Liegt $Q(1{,}5\,|-3\,|\,2)$ in der Ebene

$$E:\ \vec{x}=\begin{pmatrix}-3\\3\\1\end{pmatrix}+\lambda\cdot\begin{pmatrix}3\\0\\0\end{pmatrix}+\mu\cdot\begin{pmatrix}0\\-3\\0{,}5\end{pmatrix}\quad(\text{mit }\lambda,\ \mu\in\mathbb{R})?$$

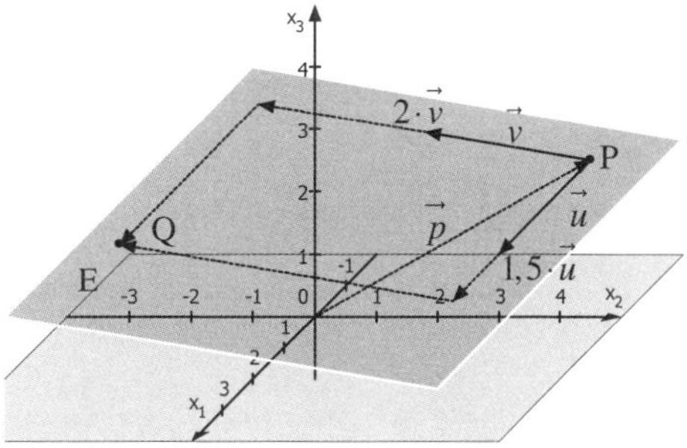

Durch Einsetzen erhält man ein LGS:

$$\begin{pmatrix}1{,}5\\-3\\2\end{pmatrix}=\begin{pmatrix}-3\\3\\1\end{pmatrix}+\lambda\cdot\begin{pmatrix}3\\0\\0\end{pmatrix}+\mu\cdot\begin{pmatrix}0\\-3\\0{,}5\end{pmatrix}\quad\Leftrightarrow$$

$$\begin{array}{lcll}1{,}5=-3+3\lambda & & \lambda=1{,}5 & (1)\\ -3=3-3\mu & \Leftrightarrow & \mu=2 & (2)\\ 2\ =1+0{,}5\mu & & \mu=2 & (3)\end{array}$$

Das LGS hat eine Lösung. Somit liegt Q in der Ebene.

• Ebenengleichung aufstellen aus 3 Punkten

Zwei-Punkte-Form:

$$\mathbf{E:}\ \vec{x}=\overrightarrow{OA}+\lambda\cdot\overrightarrow{AB}+\mu\cdot\overrightarrow{AC}\quad(\text{mit }\lambda,\ \mu\in\mathbb{R})$$

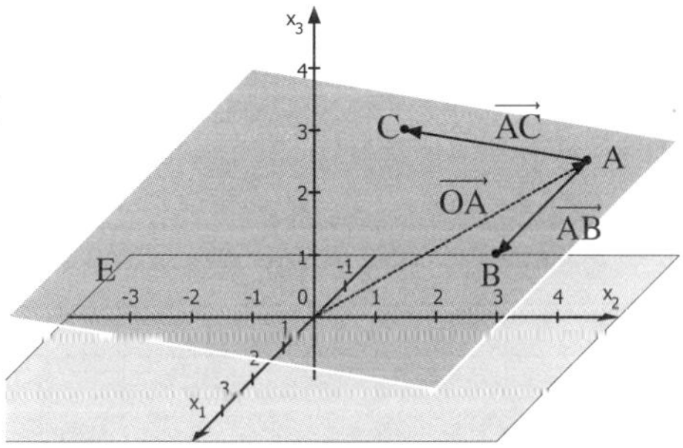

- $\overrightarrow{OA}$, der Ortsvektor des Punktes A, wird als Stützvektor verwendet
- $\overrightarrow{AB}$ und $\overrightarrow{AC}$, die Verbindungsvektoren der Punkte, bilden die Richtungsvektoren.
- $\lambda,\ \mu$: Parameter (mit $\lambda,\ \mu\in\mathbb{R}$)

Beispiel: Ebene durch $A(0\,|\,1\,|\,2)$, $B(3\,|\,2\,|\,2)$ und $C(-1\,|\,1\,|\,0)$.

$$E:\ \vec{x}=\begin{pmatrix}0\\1\\2\end{pmatrix}+\lambda\cdot\begin{pmatrix}3-0\\2-1\\2-2\end{pmatrix}+\mu\cdot\begin{pmatrix}-1-0\\1-1\\0-2\end{pmatrix}\Leftrightarrow E:\ \vec{x}=\begin{pmatrix}0\\1\\2\end{pmatrix}+\lambda\cdot\begin{pmatrix}3\\1\\0\end{pmatrix}+\mu\cdot\begin{pmatrix}-1\\0\\-2\end{pmatrix}\quad(\text{mit }\lambda,\ \mu\in R)$$

Parameterform, geeignet für:
Aufstellen aus 3 Punkten

3.2 Ebenengleichungen in Koordinatenform

E: $\boldsymbol{n_1x_1 + n_2x_2 + n_3x_3 + k = 0}$

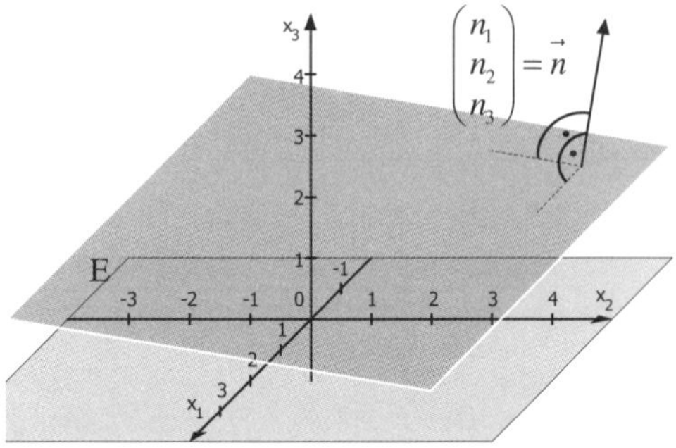

Beispiel:

E: $2x_1 - 3x_2 + 4x_3 + 4 = 0$

mit Normalenvektor $\vec{n} = \begin{pmatrix} 2 \\ -3 \\ 4 \end{pmatrix}$,

welcher senkrecht auf der Ebene steht.

Hinweis: Auch die Koordinatengleichung einer Ebene ist nicht eindeutig. Beispielsweise stellt E: $4x_1 - 6x_2 + 8x_3 + 8 = 0$ eine weitere Koordinatengleichung der oberen Ebene E dar, da sie ein Vielfaches (2-faches) ist.

Beispiele und Lage im Koordinatensystem

1.„Normalfall": 3 Schnittpunkte mit den Koordinatenachsen	2. Parallel zu einer Achse (x_3-Achse)
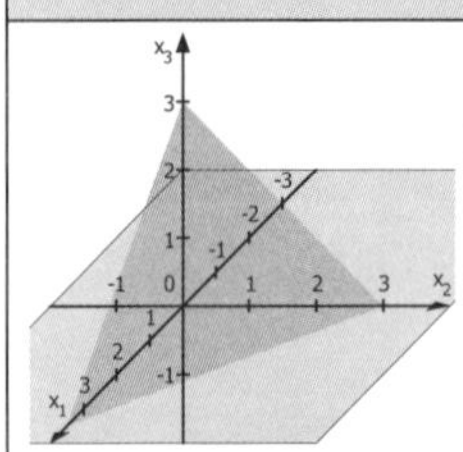 E: $n_1x_1 + n_2x_2 + n_3x_3 + k = 0$	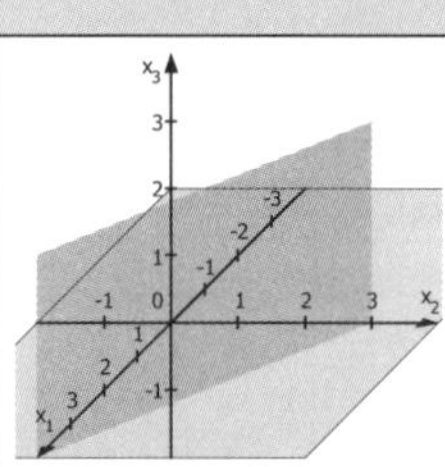 E: $n_1x_1 + n_2x_2 + k = 0$
3. Parallel zu 2 Achsen (x_2 und x_3-Achse) bzw. einer Koordinatenebene (x_2x_3-Ebene)	4. Ebene liegt in einer Koordinatenebene (x_2x_3-Ebene)
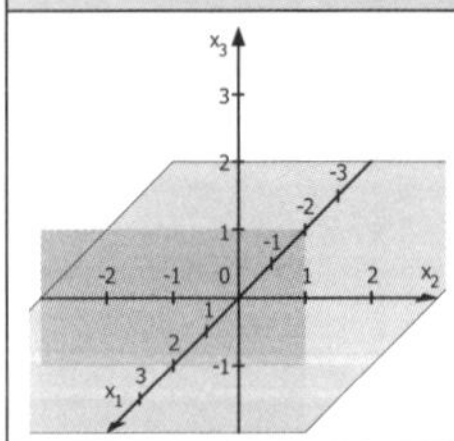 E: $n_1x_1 + k = 0$	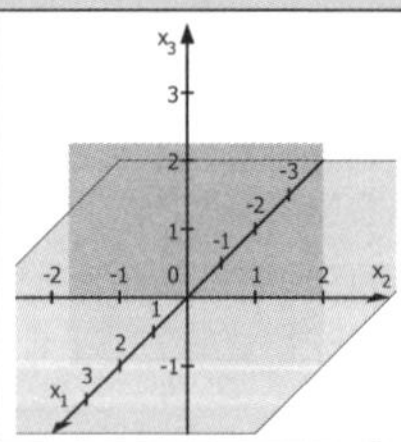 E: $x_1 = 0$ (x_2x_3-Ebene) Zusatz: E: $x_3 = 0$ (x_1x_2-Ebene) E: $x_2 = 0$ (x_1x_3-Ebene)

http://frv.tv/9g

Elementare Aufgabenstellungen in der Koordinatenform

- **Überprüfen, ob ein Punkt in einer Ebene liegt (Punktprobe)**

Beispiel: Liegt $Q(2|2|0)$ in der Ebene $E\colon\ 2x_1 - 3x_2 + 4x_3 + 4 = 0$?

Einsetzen: $2\cdot 2 - 3\cdot 2 + 4\cdot 0 + 4 = 0 \Leftrightarrow 2 \neq 0$
Falsche Aussage. Somit liegt Q nicht in der Ebene.

Koordinatenform,
geeignet für:
die meisten Rechnungen

- **Ebenengleichung aufstellen aus 3 Punkten**

Beispiel: Ebene durch $A(0|1|2)$, $B(3|2|2)$ und $C(-1|1|0)$.

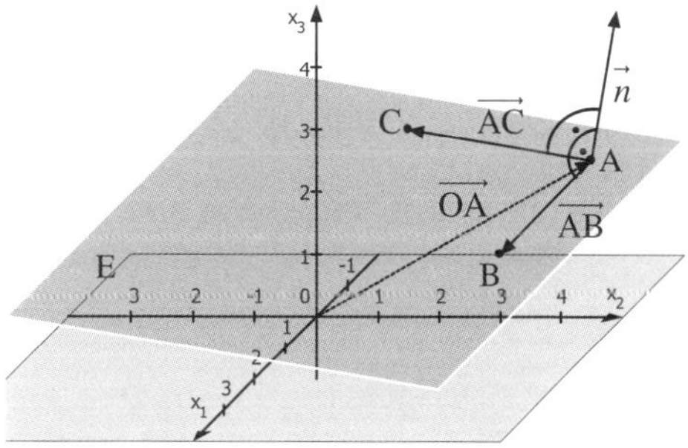

Z.B. ist $A(0|1|2)$ der Stützpunkt;
Spannvektoren:

$$\overrightarrow{AB} = \begin{pmatrix} 3-0 \\ 2-1 \\ 2-2 \end{pmatrix} = \begin{pmatrix} 3 \\ 1 \\ 0 \end{pmatrix};\ \overrightarrow{AC} = \begin{pmatrix} -1 \\ 0 \\ -2 \end{pmatrix}$$

Der Normalenvektor $\vec{n}$ steht **senkrecht** auf diesen beiden Vektoren und kann deshalb mit dem **Vektorprodukt** errechnet werden:

$$\vec{n} = \overrightarrow{AB} \times \overrightarrow{AC} = \begin{pmatrix} 3 \\ 1 \\ 0 \end{pmatrix} \times \begin{pmatrix} -1 \\ 0 \\ -2 \end{pmatrix} = \begin{pmatrix} 1\cdot(-2) & -\ 0\cdot 0 \\ 0\cdot(-1) & -\ 3\cdot(-2) \\ 3\cdot 0 & -\ 1\cdot(-1) \end{pmatrix} = \begin{pmatrix} -2 \\ 6 \\ 1 \end{pmatrix}$$

$$\begin{pmatrix} \not{3} & \not{-1} \\ 1 & 0 \\ 0 & -2 \\ 3 & -1 \\ 1 & 0 \\ \not{0} & \not{-2} \end{pmatrix}$$ (Hilfsschema)

Einträge des Normalenvektors in Koordinatenform übernehmen: $E\colon\ -2x_1 + 6x_2 + x_3 + k = 0$;
Z.B. Koordinaten von $A(0|1|2)$ einsetzen: $-2\cdot 0 + 6\cdot 1 + 1\cdot 2 + k = 0 \Leftrightarrow k = -8$
Man erhält $E\colon\ -2x_1 + 6x_2 + x_3 - 8 = 0$.

3.3 Spurpunkte, Spurgeraden und die Lage im Koordinatensystem

Beim Einzeichnen einer Ebene in das Koordinatensystem orientiert man sich an den **Spurpunkten** (Schnittpunkte mit den Koordinatenachsen) und den **Spurgeraden** (Schnittgeraden mit den Koordinatenebenen).

Die Spurpunkte einer Ebene können in der Koordinatenform schnell bestimmt werden.

$\mathbf{E: n_1x_1 + n_2x_2 + n_3x_3 + k = 0}$ hat die Spurpunkte $\mathbf{S_1\left(-\frac{k}{n_1} \,|\, 0 \,|\, 0\right)}$, $\mathbf{S_2\left(0 \,|\, -\frac{k}{n_2} \,|\, 0\right)}$, $\mathbf{S_3\left(0 \,|\, 0 \,|\, -\frac{k}{n_3}\right)}$

Beispiel: Geben Sie die Spurpunkte der Ebene $\mathrm{E}: 4x_1 - 3x_2 + 6x_3 - 12 = 0$ an.

$S_1\left(\frac{12}{4} \,|\, 0 \,|\, 0\right) = S_1(3 \,|\, 0 \,|\, 0)$,

$S_2\left(0 \,|\, \frac{12}{-3} \,|\, 0\right) = S_2(0 \,|\, -4 \,|\, 0)$,

$S_3\left(0 \,|\, 0 \,|\, \frac{12}{6}\right) = S_3(0 \,|\, 0 \,|\, 2)$

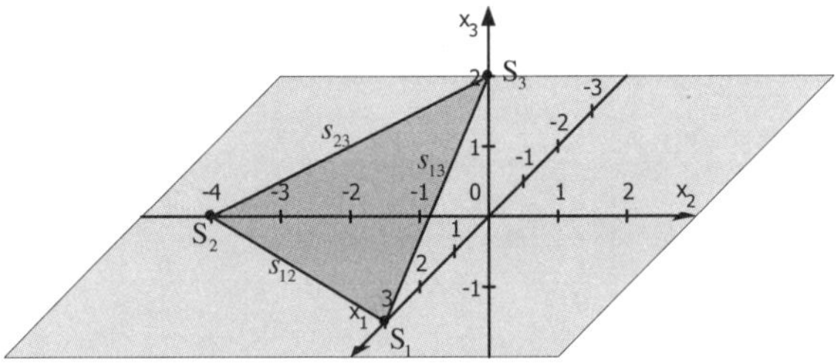

3.4 In welcher Situation ist welche Ebenenform zu empfehlen?

1. Aufstellen einer Ebenengleichung …

… besser in **Parameterform**

- Aufstellen aus **3 Punkten**

Vorgehen: E: $\vec{x} = \overrightarrow{OA} + \lambda \cdot \overrightarrow{AB} + \mu \cdot \overrightarrow{AC}$ (mit $\lambda, \mu \in \mathbb{R}$) (S. 87)

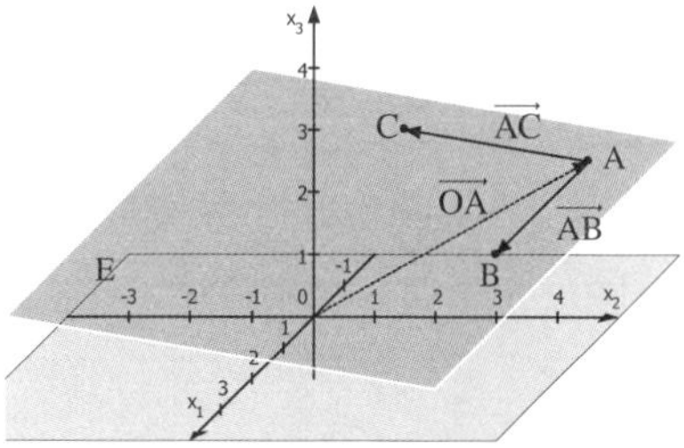

- Aufstellen aus einer Geraden g: $\vec{x} = \overrightarrow{OP} + \lambda \cdot \vec{u}$ und ...

... dem **Punkt Q**, welcher **nicht auf der Geraden** liegt.
Vorgehen: E: $\vec{x} = \overrightarrow{OP} + \lambda \cdot \vec{u} + \mu \cdot \overrightarrow{PQ}$ (mit $\lambda, \mu \in \mathbb{R}$).

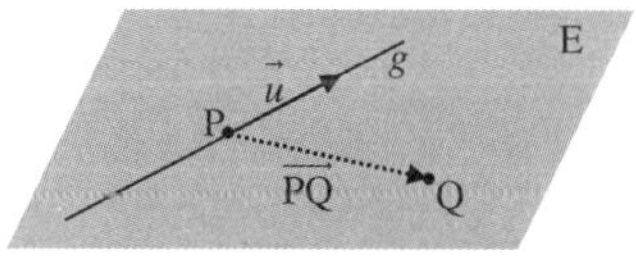

... der **Geraden** h: $\vec{x} = \overrightarrow{OQ} + \mu \cdot \vec{v}$, welche g **schneidet**.
Vorgehen: E: $\vec{x} = \overrightarrow{OP} + \lambda \cdot \vec{u} + \mu \cdot \vec{v}$ (mit $\lambda, \mu \in \mathbb{R}$).

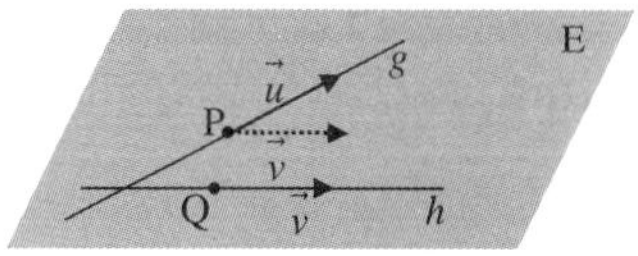

... der **Geraden** i: $\vec{x} = \overrightarrow{OQ} + \mu \cdot \vec{u}$, welche **parallel** zu g verläuft.
Vorgehen: E: $\vec{x} = \overrightarrow{OP} + \lambda \cdot \vec{u} + \mu \cdot \overrightarrow{PQ}$ (mit $\lambda, \mu \in \mathbb{R}$).

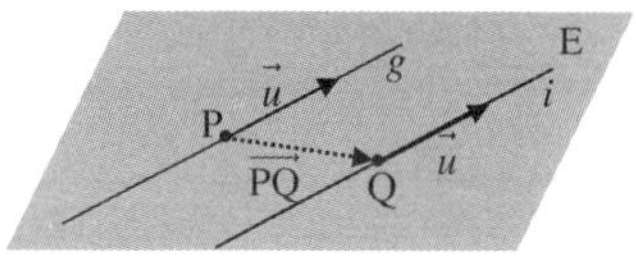

… besser in **Koordinatenform**

- Aufstellen der Gleichung einer Ebene, die orthogonal (senkrecht) zu einer bekannten Geraden g und durch einen gegebenen Punkt Q verläuft.

Beispiel: $g: \vec{x} = \begin{pmatrix} 4 \\ 4 \\ 4 \end{pmatrix} + \lambda \cdot \begin{pmatrix} 3 \\ 2 \\ 1 \end{pmatrix}$; $Q(1|2|1)$

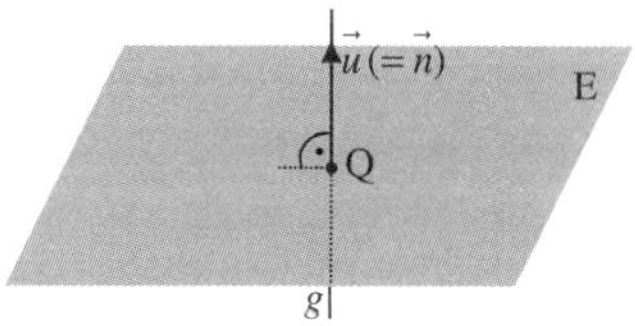

Vorgehen: Richtungsvektor $\vec{u}$ der Geraden als Normalenvektor in Koordinatenform übernehmen: E: $3x_1 + 2x_2 + x_3 + k = 0$;
Koordinaten von $Q(1|2|1)$ einsetzen: $3 \cdot 1 + 2 \cdot 2 + 1 + k = 0 \Leftrightarrow k = -8$
Man erhält E: $3x_1 + 2x_2 + x_3 - 8 = 0$.

2. Rechnen mit einer Ebenengleichung

Hier ist stets die **Koordinatenform** zu empfehlen. Oftmals lohnt es sich, eine Parametergleichung vorher in Koordinatenform umzuwandeln.

3.5 Umwandlungen der Ebenenformen

1. Von der Parameterform zur Koordinatenform

Beispiel: $E:\ \vec{x} = \begin{pmatrix} 0{,}5 \\ 0 \\ 2 \end{pmatrix} + \lambda \cdot \begin{pmatrix} 1 \\ 1 \\ -2 \end{pmatrix} + \mu \cdot \begin{pmatrix} 0 \\ 1 \\ 2 \end{pmatrix}$ (mit $\lambda,\ \mu \in \mathbb{R}$)

Schritt 1: Vektorprodukt der beiden Spannvektoren bilden. Man erhält den Normalenvektor.

$$\begin{pmatrix} 1 \\ 1 \\ -2 \end{pmatrix} \times \begin{pmatrix} 0 \\ 1 \\ 2 \end{pmatrix} = \begin{pmatrix} 1 \cdot 2 & - (-2) \cdot 1 \\ (-2) \cdot 0 & - 1 \cdot 2 \\ 1 \cdot 1 & - 1 \cdot 0 \end{pmatrix} = \begin{pmatrix} 4 \\ -2 \\ 1 \end{pmatrix} = \vec{n}$$

Hilfsschema:

$$\begin{pmatrix} \cancel{1} & & \cancel{0} \\ 1 & \times & 1 \\ -2 & \times & 2 \\ 1 & \times & 0 \\ 1 & & 1 \\ \cancel{-2} & & \cancel{2} \end{pmatrix}$$

Schritt 2: Einträge des Normalenvektors in E: $n_1x_1 + n_2x_2 + n_3x_3 + k = 0$ übernehmen. Koordinaten des Stützpunktes einsetzen.

$E:\ 4x_1 - 2x_2 + x_3 + k = 0;$

Einsetzen von $P(0{,}5\,|\,0\,|\,2)$: $4 \cdot 0{,}5 - 2 \cdot 0 + 2 + k = 0 \ \Leftrightarrow\ k = -4$

$\Rightarrow E:\ 4x_1 - 2x_2 + x_3 - 4 = 0$

2. Von der Koordinatenform zur Parameterform

Beispiel: $E: 4x_1 - 2x_2 + x_3 - 4 = 0$

- **Möglichkeit 1** („Einfache Ebenenpunkte“)

Schritt 1: Koordinaten von 3 „einfachen“ Ebenenpunkten ermitteln (z.B. Spurpunkte).
$S_1\left(\frac{4}{4}\mid 0\mid 0\right) = S_1(1\mid 0\mid 0);\quad S_2\left(0\mid\frac{4}{-2}\mid 0\right) = S_2(0\mid -2\mid 0);\quad S_3\left(0\mid 0\mid\frac{4}{1}\right) = S_3(0\mid 0\mid 4)$
Schritt 2: Parameterform aus 3 Punkten aufstellen (S. 87).
$E: \vec{x} = \begin{pmatrix}1\\0\\0\end{pmatrix} + \lambda\cdot\begin{pmatrix}0-1\\-2-0\\0-0\end{pmatrix} + \mu\cdot\begin{pmatrix}0-1\\0-0\\4-0\end{pmatrix} \Leftrightarrow E: \vec{x} = \begin{pmatrix}1\\0\\0\end{pmatrix} + \lambda\cdot\begin{pmatrix}-1\\-2\\0\end{pmatrix} + \mu\cdot\begin{pmatrix}-1\\0\\4\end{pmatrix}$

- **Möglichkeit 2**

Schritt 1: In Koordinatengleichung $x_2 = \lambda$ und $x_3 = \mu$ setzen. Nach x_1 auflösen.
$E: 4x_1 - 2x_2 + x_3 - 4 = 0 \Leftrightarrow 4x_1 - 2\lambda + \mu - 4 = 0 \Leftrightarrow 4x_1 = 4 + 2\lambda - \mu \Leftrightarrow x_1 = 1 + 0{,}5\lambda - 0{,}25\mu$
Schritt 2: $\vec{x}$ als Vektor darstellen. „Aufteilen“.
$\vec{x} = \begin{pmatrix}x_1\\x_2\\x_3\end{pmatrix} = \begin{pmatrix}1+0{,}5\lambda-0{,}25\mu\\\lambda\\\mu\end{pmatrix} = \begin{pmatrix}1+0{,}5\lambda-0{,}25\mu\\0+1\cdot\lambda+0\cdot\mu\\0+0\cdot\lambda+1\cdot\mu\end{pmatrix} \Leftrightarrow E: \vec{x} = \begin{pmatrix}1\\0\\0\end{pmatrix} + \lambda\cdot\begin{pmatrix}0{,}5\\1\\0\end{pmatrix} + \mu\cdot\begin{pmatrix}-0{,}25\\0\\1\end{pmatrix}$

Hinweis: Die beiden Ebenengleichungen, die man durch die beiden Möglichkeiten 1 bzw. 2 erhält, gehören natürlich zur gleichen Ebene.

4. Gegenseitige Lage

4.1 Ebene-Gerade

Möglichkeiten für die gegenseitige Lage

Gerade und Ebene **schneiden sich** in einem Punkt.

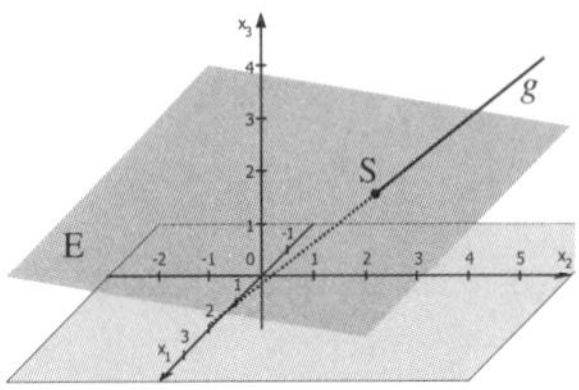

Gerade **liegt in** der Ebene.

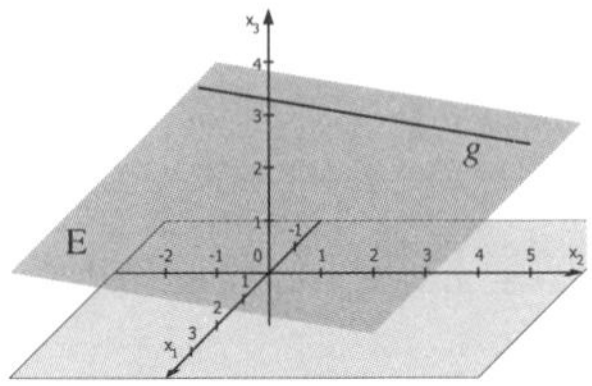

Gerade und Ebene sind **parallel**.

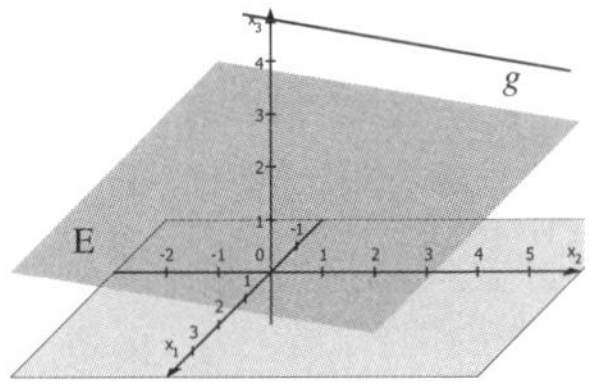

1. Fall: Ebenengleichung in **Koordinatenform**

Beispiel: $E: -x_1 + 3x_2 + 2x_3 + 3 = 0$ und $g: \vec{x} = \begin{pmatrix} 1 \\ 2 \\ 3 \end{pmatrix} + \lambda \cdot \begin{pmatrix} 0 \\ 1 \\ 2 \end{pmatrix}$

Schritt 1: Geradenvektor $\vec{x}$ als Komponenten (x_1, x_2 und x_3) darstellen („allgemeiner Geradenpunkt“).

$x_1 = 1;\quad x_2 = 2 + \lambda;\quad x_3 = 3 + 2\lambda \quad \rightarrow \quad P_t(1 \mid 2+\lambda \mid 3+2\lambda)$

Schritt 2: Einsetzen in die Koordinatengleichung. Auflösen.

$-x_1 + 3x_2 + 2x_3 + 3 = 0 \quad \Leftrightarrow \quad -1 + 3 \cdot (2+\lambda) + 2 \cdot (3+2\lambda) + 3 = 0 \quad \Leftrightarrow \quad \lambda = -2$

Schritt 3: Interpretation anhand der nachfolgenden **Übersicht**.

Z.B. $\lambda = -2$	Z.B. $0 = 0$ (wahre Aussage, λ „fällt raus“)	Z.B. $0 = 1$ (falsche Aussage, λ „fällt raus“)
Gleichung hat **eindeutige Lösung**.	Gleichung hat **unendlich viele Lösungen**.	Gleichung hat **keine Lösung**.
Gerade und Ebene **schneiden sich** in einem Punkt S.	Gerade **liegt in** der Ebene.	Gerade und Ebene sind **parallel**.

Schritt 4 (bei „schneiden sich“): Schnittpunkt bestimmen durch Einsetzen in Geradengl..

Einsetzen von $\lambda = -2$: $\overrightarrow{OS} = \begin{pmatrix} 1 \\ 2 \\ 3 \end{pmatrix} - 2 \cdot \begin{pmatrix} 0 \\ 1 \\ 2 \end{pmatrix} = \begin{pmatrix} 1 \\ 0 \\ -1 \end{pmatrix} \rightarrow S(1 \mid 0 \mid -1)$

„Abkürzung“: Stehen **Normalenvektor** und **Richtungsvektor senkrecht** aufeinander **(Skalarprodukt=0)**, so sind Ebene und Gerade entweder **parallel** oder die Gerade **liegt in** der Ebene. Eine **Punktprobe** klärt auf.

http://frv.tv/9i

2. Fall: Ebenengleichung in **Parameterform**

Beispiel: $E: \vec{x} = \begin{pmatrix} 1 \\ -2 \\ 2 \end{pmatrix} + \lambda \cdot \begin{pmatrix} -1 \\ -3 \\ 0 \end{pmatrix} + \mu \cdot \begin{pmatrix} 3 \\ 0 \\ -2 \end{pmatrix}$ und $g: \vec{x} = \begin{pmatrix} 2 \\ 7 \\ 1 \end{pmatrix} + \nu \cdot \begin{pmatrix} 2 \\ 5 \\ -1 \end{pmatrix}$

Tipp: Umgehen Sie das nachfolgende Verfahren, indem Sie die Ebenengleichung **in Koordinatenform umwandeln** und dann wie im **1. Fall** vorgehen.

Schritt 1: Gleichsetzen.

$$\begin{pmatrix} 1 \\ -2 \\ 2 \end{pmatrix} + \lambda \cdot \begin{pmatrix} -1 \\ -3 \\ 0 \end{pmatrix} + \mu \cdot \begin{pmatrix} 3 \\ 0 \\ -2 \end{pmatrix} = \begin{pmatrix} 2 \\ 7 \\ 1 \end{pmatrix} + \nu \cdot \begin{pmatrix} 2 \\ 5 \\ -1 \end{pmatrix}$$

Schritt 2: LGS ordnen.

$$\begin{array}{lcl} 1 - \lambda + 3\mu = 2 + 2\nu & & -\lambda + 3\mu - 2\nu = 1 \quad (1) \\ -2 - 3\lambda = 7 + 5\nu & \Leftrightarrow & -3\lambda - 5\nu = 9 \quad (2) \\ 2 - 2\mu = 1 - \nu & & -2\mu + \nu = -1 \quad (3) \end{array}$$

Schritt 3: Durch Gauß-Verfahren umformen.

$$\left(\begin{array}{ccc|c} -1 & 3 & -2 & 1 \\ -3 & 0 & -5 & 9 \\ 0 & -2 & 1 & -1 \end{array}\right) \sim \left(\begin{array}{ccc|c} -1 & 3 & -2 & 1 \\ 0 & 3 & -1/3 & -2 \\ 0 & -2 & 1 & -1 \end{array}\right) \sim \left(\begin{array}{ccc|c} -1 & 3 & -2 & 1 \\ 0 & 3 & -1/3 & -2 \\ 0 & 0 & 7/6 & -7/2 \end{array}\right) \begin{array}{l} \Rightarrow \lambda = 2 \\ \Rightarrow \mu = -1 \\ \Rightarrow \nu = -3 \end{array}$$

Schritt 4: Interpretation anhand der nachfolgenden **Übersicht**.

$\left(\begin{array}{ccc\|c} \bullet & \bullet & \bullet & \bullet \\ 0 & \bullet & \bullet & \bullet \\ 0 & 0 & \neq 0 & \bullet \end{array}\right)$	$\left(\begin{array}{ccc\|c} \bullet & \bullet & \bullet & \bullet \\ 0 & \bullet & \bullet & \bullet \\ 0 & 0 & 0 & 0 \end{array}\right)$	$\left(\begin{array}{ccc\|c} \bullet & \bullet & \bullet & \bullet \\ 0 & \bullet & \bullet & \bullet \\ 0 & 0 & 0 & \neq 0 \end{array}\right)$
LGS hat **eindeutige Lösung**.	LGS hat **unendlich viele Lösungen**.	LGS hat **keine Lösung**.
Gerade und Ebene **schneiden sich** in einem Punkt S.	Gerade **liegt in** der Ebene.	Gerade und Ebene sind **parallel**.

E und g schneiden sich also in einem Punkt.

Schritt 5 (bei „schneiden sich“): Schnittpunkt bestimmen durch Einsetzen in Geradengl..

Einsetzen von $\nu = -3$: $\quad \overrightarrow{OS} = \begin{pmatrix} 2 \\ 7 \\ 1 \end{pmatrix} - 3 \cdot \begin{pmatrix} 2 \\ 5 \\ -1 \end{pmatrix} = \begin{pmatrix} -4 \\ -8 \\ 4 \end{pmatrix} \rightarrow S(-4 \mid -8 \mid 4)$

4.2 Ebene-Ebene

Möglichkeiten für die gegenseitige Lage

Ebenen **schneiden sich** in einer Schnittgeraden.

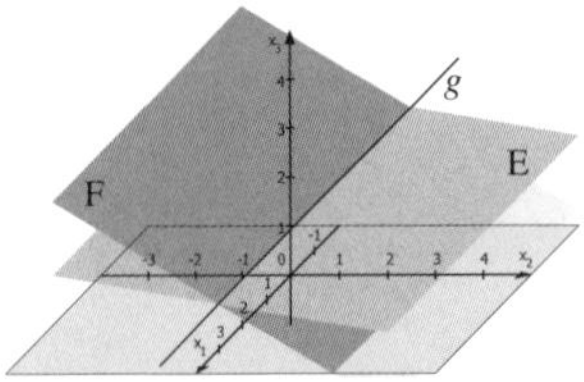

Ebenen sind **identisch**.

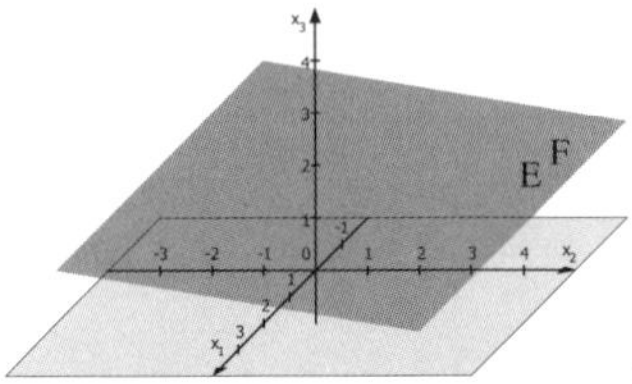

Ebenen sind **parallel**.

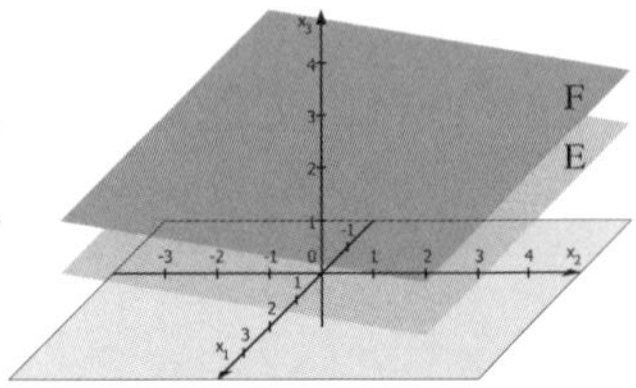

1. Fall: Eine Ebenengleichung in **Parameterform**, eine in **Koordinatenform**

Beispiel: $E: \vec{x} = \begin{pmatrix} 15 \\ 0 \\ 3 \end{pmatrix} + \lambda \cdot \begin{pmatrix} 2 \\ 5 \\ 0 \end{pmatrix} + \mu \cdot \begin{pmatrix} -1 \\ 0 \\ 5 \end{pmatrix}$ und $F: 3x_1 + 4x_2 - 2x_3 - 13 = 0$

Schritt 1: Ebenenvektor $\vec{x}$ als Komponenten (x_1, x_2 und x_3) darstellen („allgemeiner Ebenenpunkt").

$x_1 = 15 + 2\lambda - \mu;\quad x_2 = 5\lambda;\quad x_3 = 3 + 5\mu \quad \rightarrow \quad P(15 + 2\lambda - \mu \,|\, 5\lambda \,|\, 3 + 5\mu)$

Schritt 2: Einsetzen in die Koordinatengleichung. Umformen.

$3x_1 + 4x_2 - 2x_3 - 13 = 0 \quad \Leftrightarrow \quad 3 \cdot (15 + 2\lambda - \mu) + 4 \cdot 5\lambda - 2 \cdot (3 + 5\mu) - 13 = 0 \quad \Leftrightarrow \quad 2\lambda - \mu = -2$

Schritt 3: Interpretation anhand der nachfolgenden **Übersicht**.

Z.B. $2\lambda - \mu = 2$ (Gleichung **enthält Parameter**)	Z.B. $0 = 0$ (**wahre** Aussage, Parameter „fallen raus")	Z.B. $0 = 1$ (**falsche** Aussage, Parameter „fallen raus")
Ebenen **schneiden sich** in einer Geraden.	Ebenen sind **identisch**.	Ebenen sind **parallel**.

E und F schneiden sich also in einer Geraden.

„Abkürzung": Stehen **Normalenvektor** und beide **Spannvektoren senkrecht** aufeinander **(Skalarprodukt=0)**, so sind die Ebenen entweder **parallel** oder **identisch**.
Eine **Punktprobe** klärt auf.

http://frv.tv/9h

2. Fall: Beide Ebenengleichungen in **Koordinatenform**

Beispiel: $E: x_1 + 3x_2 + 2x_3 + 5 = 0$ und $F: x_1 + 2x_2 + 3x_3 + 2 = 0$

Schritt 1: Die beiden Ebenengleichungen als LGS auffassen.

$$x_1 + 3x_2 + 2x_3 + 5 = 0$$
$$x_1 + 2x_2 + 3x_3 + 2 = 0$$

Schritt 2: Durch Gauß-Verfahren „in Richtung" untere Dreiecksform umformen.

$$\left(\begin{array}{ccc|c} 1 & 3 & 2 & -5 \\ 1 & 2 & 3 & -2 \end{array}\right) \leftarrow\!\!\rfloor -$$

$$\left(\begin{array}{ccc|c} 1 & 3 & 2 & -5 \\ 0 & 1 & -1 & -3 \end{array}\right)$$

Schritt 3: Interpretation anhand der nachfolgenden **Übersicht**.

(Da nur 2 Gleichungen aber 3 Unbekannte vorliegen, ist LGS niemals eindeutig lösbar.)

$\left(\begin{array}{ccc\|c} \bullet & \bullet & \bullet & \bullet \\ \mathbf{0} & \neq\mathbf{0} & \bullet & \bullet \end{array}\right)$	$\left(\begin{array}{ccc\|c} \bullet & \bullet & \bullet & \bullet \\ \mathbf{0} & \mathbf{0} & \mathbf{0} & \mathbf{0} \end{array}\right)$	$\left(\begin{array}{ccc\|c} \bullet & \bullet & \bullet & \bullet \\ \mathbf{0} & \mathbf{0} & \mathbf{0} & \neq\mathbf{0} \end{array}\right)$
LGS hat **unendlich viele Lösungen, ein** Parameter ist frei wählbar.	LGS hat **unendlich viele Lösungen, zwei** Parameter sind frei wählbar.	LGS hat **keine Lösung**.
Ebenen **schneiden sich** in einer Geraden.	Ebenen sind **identisch**.	Ebenen sind **parallel**.

E und F schneiden sich also in einer Geraden.

„Abkürzung": Sind die beiden **Normalenvektoren Vielfache** voneinander, so sind die Ebenen entweder **parallel** oder **identisch**. Eine **Punktprobe** klärt auf.

3. Fall: Beide Ebenengleichungen in **Parameterform**

Beispiel: $E: \vec{x} = \begin{pmatrix} 2 \\ 4 \\ 1 \end{pmatrix} + \lambda \cdot \begin{pmatrix} 1 \\ -2 \\ 3 \end{pmatrix} + \mu \cdot \begin{pmatrix} 1 \\ -1 \\ 5 \end{pmatrix}$ und $F: \vec{x} = \begin{pmatrix} 3 \\ 5 \\ 12 \end{pmatrix} + \nu \cdot \begin{pmatrix} 0 \\ -2 \\ -6 \end{pmatrix} + \xi \cdot \begin{pmatrix} -4 \\ 7 \\ -10 \end{pmatrix}$

Tipp: Umgehen Sie das nachfolgende Verfahren unbedingt, indem Sie eine der beiden Ebenengleichungen **in Koordinatenform umwandeln** und dann wie im **1. Fall** vorgehen.

Schritt 1: Gleichsetzen.

$$\begin{pmatrix} 2 \\ 4 \\ 1 \end{pmatrix} + \lambda \cdot \begin{pmatrix} 1 \\ -2 \\ 3 \end{pmatrix} + \mu \cdot \begin{pmatrix} 1 \\ -1 \\ 5 \end{pmatrix} = \begin{pmatrix} 3 \\ 5 \\ 12 \end{pmatrix} + \nu \cdot \begin{pmatrix} 0 \\ -2 \\ -6 \end{pmatrix} + \xi \cdot \begin{pmatrix} -4 \\ 7 \\ -10 \end{pmatrix}$$

Schritt 2: LGS in λ, μ, ν und ξ ordnen.

$$\begin{array}{l} 2+\lambda+\mu = 3 \quad -4\xi \\ 4-2\lambda-\mu = 5-2\nu+7\xi \\ 1+3\lambda+5\mu = 12-6\nu-10\xi \end{array} \Leftrightarrow \begin{array}{ll} \lambda+\mu \quad +4\xi = 1 & (1) \\ -2\lambda-\mu+2\nu-7\xi = 1 & (2) \\ 3\lambda+5\mu+6\nu+10\xi = 11 & (3) \end{array}$$

Schritt 3: Durch Gauß-Verfahren „in Richtung" untere Dreiecksform umformen.

$$\left(\begin{array}{cccc|c} 1 & 1 & 0 & 4 & 1 \\ -2 & -1 & 2 & -7 & 1 \\ 3 & 5 & 6 & 10 & 11 \end{array}\right) \sim \left(\begin{array}{cccc|c} 1 & 1 & 0 & 4 & 1 \\ 0 & 1 & 2 & 1 & 3 \\ 0 & -2 & -6 & 2 & -8 \end{array}\right) \sim \left(\begin{array}{cccc|c} 1 & 1 & 0 & 4 & 1 \\ 0 & 1 & 2 & 1 & 3 \\ 0 & 0 & -2 & 4 & -2 \end{array}\right)$$

Schritt 4: Interpretation anhand der nachfolgenden **Übersicht**.

(Da nur 3 Gleichungen aber 4 Unbekannte vorliegen, ist LGS niemals eindeutig lösbar.)

$\left(\begin{array}{cccc\|c} \bullet & \bullet & \bullet & \bullet & \bullet \\ 0 & \bullet & \bullet & \bullet & \bullet \\ \mathbf{0} & \mathbf{0} & \neq\mathbf{0} & \bullet & \bullet \end{array}\right)$	$\left(\begin{array}{cccc\|c} \bullet & \bullet & \bullet & \bullet & \bullet \\ 0 & \bullet & \bullet & \bullet & \bullet \\ \mathbf{0} & \mathbf{0} & \mathbf{0} & \mathbf{0} & \mathbf{0} \end{array}\right)$	$\left(\begin{array}{cccc\|c} \bullet & \bullet & \bullet & \bullet & \bullet \\ 0 & \bullet & \bullet & \bullet & \bullet \\ \mathbf{0} & \mathbf{0} & \mathbf{0} & \mathbf{0} & \neq\mathbf{0} \end{array}\right)$
LGS hat **unendlich viele Lösungen, ein** Parameter ist frei wählbar.	LGS hat **unendlich viele Lösungen, zwei** Parameter sind frei wählbar.	LGS hat **keine Lösung**.
Ebenen **schneiden sich** in einer Geraden.	Ebenen sind **identisch**.	Ebenen sind **parallel**.

E und F schneiden sich also in einer Geraden.

5. Schnittwinkel

Zwischen	**Formel**	**senkrecht** ($\alpha = 90°$)
Vektor $\vec{a}$ und **Vektor** $\vec{b}$		
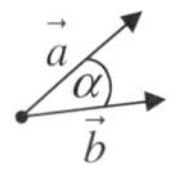	$\cos(\alpha) = \frac{\vec{a} \circ \vec{b}}{\lvert\vec{a}\rvert \cdot \lvert\vec{b}\rvert}$	falls $\vec{a} \circ \vec{b} = 0$
Gerade g mit Richtungsvektor $\overrightarrow{u_1}$ und **Gerade** h mit Richtungsvektor $\overrightarrow{u_2}$		
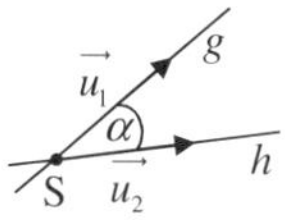	$\cos(\alpha) = \frac{\lvert\overrightarrow{u_1} \circ \overrightarrow{u_2}\rvert}{\lvert\overrightarrow{u_1}\rvert \cdot \lvert\overrightarrow{u_2}\rvert}$	falls $\overrightarrow{u_1} \circ \overrightarrow{u_2} = 0$
Gerade g mit Richtungsvektor $\vec{u}$ und **Ebene** E mit Normalenvektor $\vec{n}$		
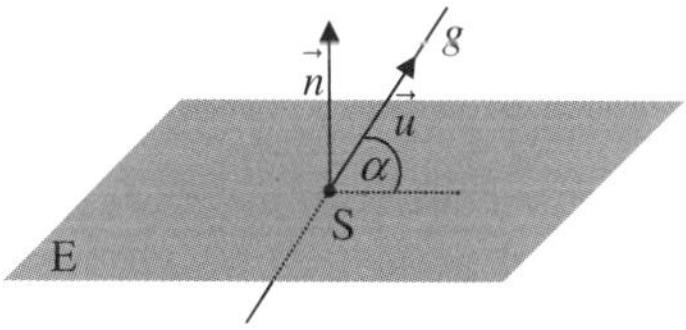	$\sin(\alpha) = \frac{\lvert\vec{u} \circ \vec{n}\rvert}{\lvert\vec{u}\rvert \cdot \lvert\vec{n}\rvert}$	falls $\vec{u} = k \cdot \vec{n}$ (mit $k \in \mathbb{R}$) (Vielfache)
Ebene E mit Normalenvektor $\overrightarrow{n_1}$ und **Ebene** F mit Normalenvektor $\overrightarrow{n_2}$		
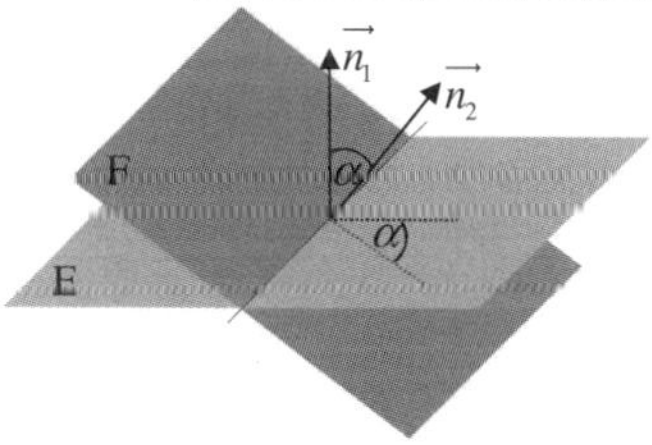	$\cos(\alpha) = \frac{\lvert\overrightarrow{n_1} \circ \overrightarrow{n_2}\rvert}{\lvert\overrightarrow{n_1}\rvert \cdot \lvert\overrightarrow{n_2}\rvert}$	falls $\overrightarrow{n_1} \circ \overrightarrow{n_2} = 0$

Beispiel: Schnittwinkel zwischen $g: \vec{x} = \begin{pmatrix} 0,5 \\ 0 \\ 2 \end{pmatrix} + \lambda \cdot \begin{pmatrix} 4 \\ -2 \\ 1 \end{pmatrix}$ und $E: x_1 - 3x_2 - 2x_3 - 3 = 0$.

$$\sin(\alpha) = \frac{\left|\begin{pmatrix} 4 \\ -2 \\ 1 \end{pmatrix} \circ \begin{pmatrix} 1 \\ -3 \\ -2 \end{pmatrix}\right|}{\left|\begin{pmatrix} 4 \\ -2 \\ 1 \end{pmatrix}\right| \cdot \left|\begin{pmatrix} 1 \\ -3 \\ -2 \end{pmatrix}\right|} = \frac{\lvert 4 \cdot 1 + (-2) \cdot (-3) + 1 \cdot (-2)\rvert}{\sqrt{4^2 + (-2)^2 + 1^2} \cdot \sqrt{1^2 + (-3)^2 + (-2)^2}} = \frac{8}{\sqrt{21} \cdot \sqrt{14}}$$

$\Rightarrow$ Eingabe von $\sin^{-1}$ in WTR (Einstellung *deg*): $\alpha \approx 27,81°$

Hinweis: Mit dem Schnittwinkel ist stets der spitze Winkel $(0 \leq \alpha \leq 90)$ gemeint.

http://frv.tv/2u

6. Abstandsberechnungen

Lösungsstrategien im Überblick (ausführliches Vorgehen auf den folgenden Seiten)

	Punkt	**Gerade**	**Ebene**
Punkt	**Betrag** 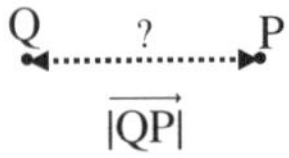	Nicht relevant für das Abitur! 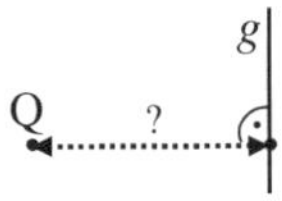	**Formel** $d = \left\lvert \frac{n_1q_1 + n_2q_2 + n_3q_3 + k}{\sqrt{n_1^2 + n_2^2 + n_3^2}} \right\rvert$ **Lotgerade** 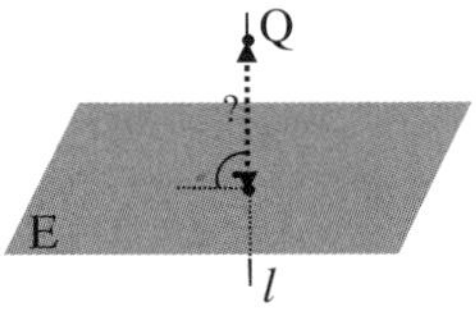
Gerade		Parallel: Nicht relevant für das Abitur! 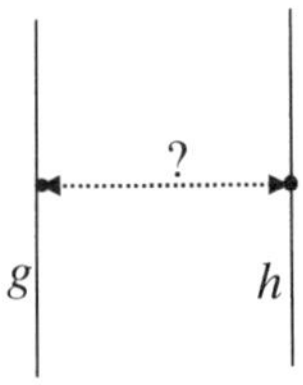	Parallel: **Formel** oder **Lotgerade** 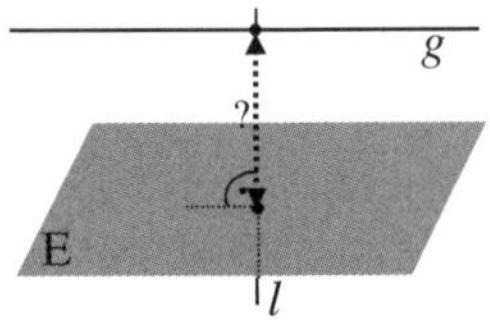
		Windschief: Nicht relevant für das Abitur! 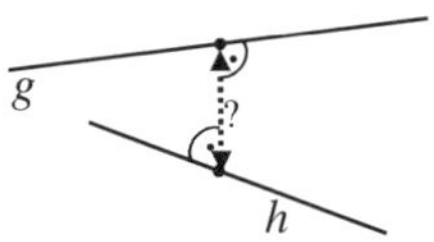	
Ebene			Parallel: **Formel** oder **Lotgerade** 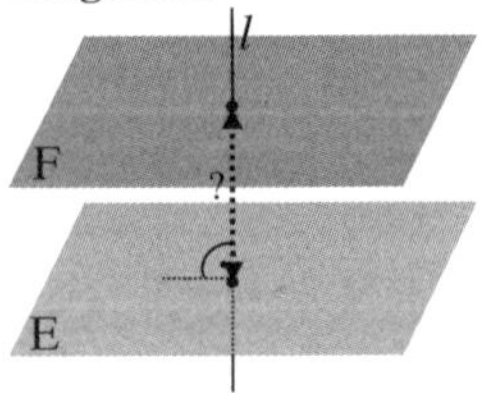

http://frv.tv/9b

1. Abstand: Punkt – Punkt

Beispiel: Abstand von $Q(1|0|2)$ und $P(2|-3|1)$?

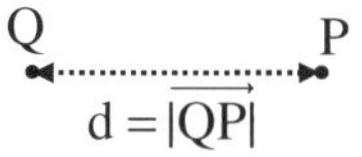

Verbindungsvektor: $\overrightarrow{QP} = \begin{pmatrix} 2 \\ -3 \\ 1 \end{pmatrix} - \begin{pmatrix} 1 \\ 0 \\ 2 \end{pmatrix} = \begin{pmatrix} 1 \\ -3 \\ -1 \end{pmatrix}$; Länge: $|\overrightarrow{QP}| = \sqrt{1^2 + (-3)^2 + (-1)^2} = \sqrt{11}$ LE

2. Abstand: Punkt – Ebene

Beispiel: Abstand von $Q(1|2|3)$ zu $E: 2x_1 - x_2 + 4x_3 + 9 = 0$?

- **Möglichkeit 1 (Formel)**

$$\mathbf{d} = \left| \frac{n_1 q_1 + n_2 q_2 + n_3 q_3 + k}{\sqrt{n_1^2 + n_2^2 + n_3^2}} \right|$$ (zwischen $Q(q_1|q_2|q_3)$ und $E: n_1x_1 + n_2x_2 + n_3x_3 + k = 0$)

Lösung: $d = \left| \frac{2\cdot 1 - 1\cdot 2 + 4\cdot 3 + 9}{\sqrt{2^2 + (-1)^2 + 4^2}} \right| = \left| \frac{21}{\sqrt{21}} \right| = \sqrt{21}$ LE

- **Möglichkeit 2 (Lotgerade)**

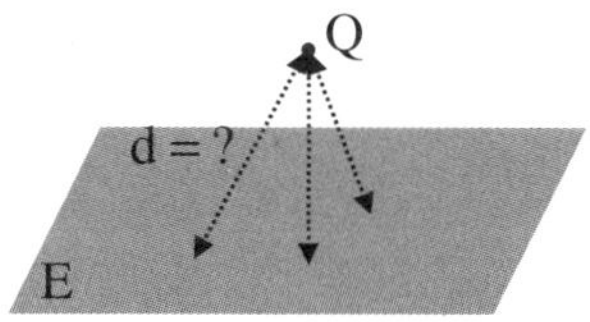

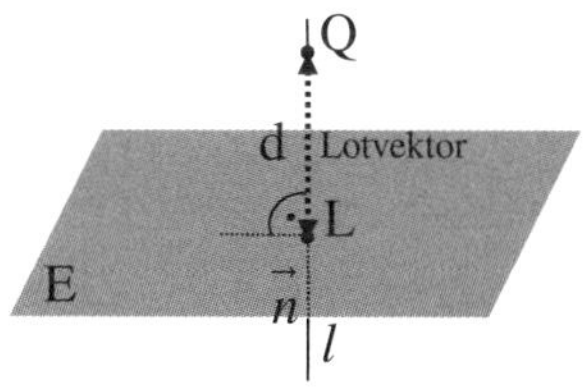

Schritt 1: Lotgerade *l* bilden, die den Punkt **Q enthält** und **senkrecht auf der Ebene E** steht. (Q als Stützpunkt und Normalenvektor der Ebene als Richtungsvektor verwenden).

$l: \vec{x} = \vec{q} + \lambda \cdot \vec{n} \;\Rightarrow\; l: \vec{x} = \begin{pmatrix} 1 \\ 2 \\ 3 \end{pmatrix} + \lambda \cdot \begin{pmatrix} 2 \\ -1 \\ 4 \end{pmatrix}$ (mit $\lambda \in \mathbb{R}$)

Schritt 2: Lotgerade *l* mit der **Ebene E schneiden**. Der Schnittpunkt ist der Lotfußpunkt L.

„Allgemeinen Geradenpunkt“ $P_r(1+2\lambda\,|\,2-\lambda\,|\,3+4\lambda)$ in E einsetzen:

$2x_1 - x_2 + 4x_3 = -9 \Leftrightarrow 2\cdot(1+2\lambda) - (2-\lambda) + 4\cdot(3+4\lambda) = -9 \Leftrightarrow \lambda = -1$;

$\lambda = -1$ einsetzen: $\overrightarrow{OL} = \begin{pmatrix} 1 \\ 2 \\ 3 \end{pmatrix} - 1\cdot \begin{pmatrix} 2 \\ -1 \\ 4 \end{pmatrix} = \begin{pmatrix} -1 \\ 3 \\ -1 \end{pmatrix} \rightarrow L(-1|3|-1)$

Schritt 3: Länge (Betrag) des Lotvektors $|\overrightarrow{\mathbf{QL}}|$ berechnen.

Lotvektor: $\overrightarrow{QL} = \begin{pmatrix} -1 \\ 3 \\ -1 \end{pmatrix} - \begin{pmatrix} 1 \\ 2 \\ 3 \end{pmatrix} = \begin{pmatrix} -2 \\ 1 \\ -4 \end{pmatrix}$; Länge: $|\overrightarrow{QL}| = \sqrt{(-2)^2 + 1^2 + (-4)^2} = \sqrt{21}$ LE

3. Abstand: Gerade – Ebene (parallel)

Idee:

Diese Abstandsberechnung lässt sich auf die Abstandsberechnung **Punkt – Ebene** zurückführen, indem der Abstand eines beliebigen Punktes der Geraden g (z.B. des **Stützpunktes**) zur Ebene E ermittelt wird.

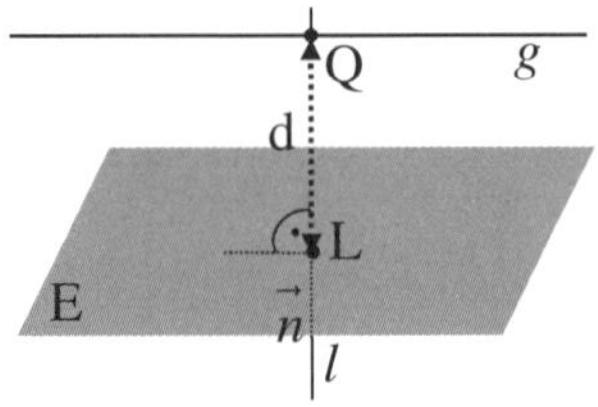

Lösungsstrategie: Formel oder Lotgerade.

Beispiel 1: Abstand zwischen $g: \vec{x} = \begin{pmatrix} 2 \\ -16 \\ 2 \end{pmatrix} + \lambda \cdot \begin{pmatrix} 1 \\ 4 \\ 1 \end{pmatrix}$ und $E: -2x_1 + x_2 - 2x_3 + 15 = 0$?

- **Möglichkeit 1 (Formel)**

$$\mathbf{d} = \left| \frac{n_1 q_1 + n_2 q_2 + n_3 q_3 + k}{\sqrt{n_1^2 + n_2^2 + n_3^2}} \right| \quad \text{(zwischen } Q(q_1 \mid q_2 \mid q_3) \text{ und } E: n_1 x_1 + n_2 x_2 + n_3 x_3 + k = 0)$$

Lösung: Als Punkt Q dient der Stützpunkt $Q(2 \mid -16 \mid 2)$ der Geraden g.

$$d = \left| \frac{(-2) \cdot 2 + 1 \cdot (-16) + (-2) \cdot 2 + 15}{\sqrt{(-2)^2 + 1^2 + (-2)^2}} \right| = \left| \frac{-9}{\sqrt{9}} \right| = 3 \text{ LE}$$

- **Möglichkeit 2 (Lotgerade)**

Vergleiche S. 101.

Beispiel 2: Berechnen Sie den Abstand zwischen $g: \vec{x} = \begin{pmatrix} 9 \\ -1 \\ 0 \end{pmatrix} + \lambda \cdot \begin{pmatrix} -1 \\ 2 \\ 1 \end{pmatrix}$ und

$E: x_1 + 2x_2 - 3x_3 - 14 = 0$. (Hinweis: g und E liegen parallel zueinander.)

Es wird der Abstand des Stützpunktes $Q(9 \mid -1 \mid 0)$ zu E berechnet.

Möglichkeit 1:

$$d = \left| \frac{n_1 q_1 + n_2 q_2 + n_3 q_3 + k}{\sqrt{{n_1}^2 + {n_2}^2 + {n_3}^2}} \right| = \left| \frac{1 \cdot 9 + 2 \cdot (-1) - 3 \cdot 0 - 14}{\sqrt{1^2 + 2^2 + (-3)^2}} \right| = \frac{7}{\sqrt{14}} \text{ LE} \approx 1{,}87 \text{ LE}$$

Möglichkeit 2:

Man bildet eine Hilfsgerade h, welche den Punkt Q enthält und senkrecht auf der Ebene steht (Lotgerade):

$$h: \vec{x} = \begin{pmatrix} 9 \\ -1 \\ 0 \end{pmatrix} + \lambda \cdot \begin{pmatrix} 1 \\ 2 \\ -3 \end{pmatrix} \text{ mit } \lambda \in \mathbb{R}$$

Die Hilfsgerade wird mit der Ebene geschnitten. Der Schnittpunkt ist der Lotfußpunkt L.

Die Koordinaten des allg. Geradenpunktes $x_1 = 9 + \lambda$; $x_2 = -1 + 2\lambda$; $x_3 = -3\lambda$ werden in die Koordinatengleichung eingesetzt:

$$9 + \lambda + 2 \cdot (-1 + 2\lambda) - 3 \cdot (-3\lambda) = 14 \Leftrightarrow 9 + \lambda - 2 + 4\lambda + 9\lambda = 14 \Leftrightarrow \lambda = 0{,}5$$

$$\overrightarrow{OL} = \begin{pmatrix} 9 \\ -1 \\ 0 \end{pmatrix} + 0{,}5 \cdot \begin{pmatrix} 1 \\ 2 \\ -3 \end{pmatrix} = \begin{pmatrix} 9{,}5 \\ 0 \\ -1{,}5 \end{pmatrix} \rightarrow L(9{,}5 \mid 0 \mid -1{,}5)$$

Den Abstand zwischen den Punkten Q und L berechnen:

$$\text{Lotvektor: } \overrightarrow{QL} = \begin{pmatrix} 9{,}5 \\ 0 \\ -1{,}5 \end{pmatrix} - \begin{pmatrix} 9 \\ -1 \\ 0 \end{pmatrix} = \begin{pmatrix} 0{,}5 \\ 1 \\ -1{,}5 \end{pmatrix}$$

$$\text{mit Länge: } d = \left| \overrightarrow{QL} \right| = \sqrt{0{,}5^2 + 1^2 + (-1{,}5)^2} = \frac{7}{\sqrt{14}} \text{ LE} \approx 1{,}87 \text{ LE}$$

4. Abstand: Ebene – Ebene (parallel)

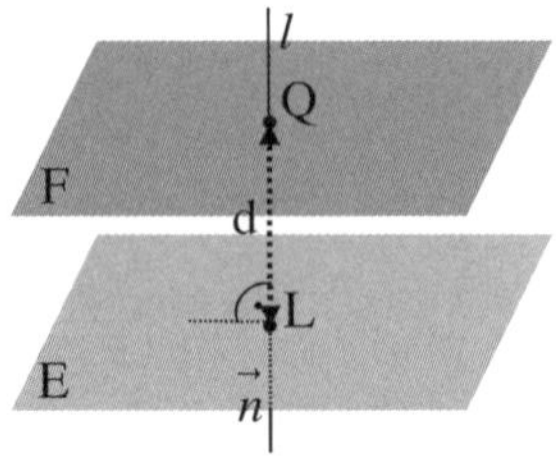

Idee:
Diese Abstandsberechnung lässt sich auf die Abstandsberechnung **Punkt – Ebene** zurückführen, indem der Abstand eines beliebigen Punktes der einen Ebene (z.B. des **Stützpunktes**) zur anderen Ebene ermittelt wird.

Lösungsstrategie: Formel oder Lotgerade.

Beispiel 1 : Abstand zwischen E: $2x_1+2x_2-x_3-8=0$ und F: $\vec{x}=\begin{pmatrix}1\\1\\0\end{pmatrix}+\lambda\cdot\begin{pmatrix}1\\0\\2\end{pmatrix}+\mu\cdot\begin{pmatrix}-1\\1\\0\end{pmatrix}$?

- **Möglichkeit 1 (Formel)**

$$\mathbf{d}=\left|\frac{n_1q_1+n_2q_2+n_3q_3+k}{\sqrt{n_1^2+n_2^2+n_3^2}}\right| \quad \text{(zwischen } Q(q_1\,|\,q_2\,|\,q_3) \text{ und } E: n_1x_1+n_2x_2+n_3x_3+k=0)$$

Lösung: Als Punkt Q dient der Stützpunkt $Q(1|1|0)$ der Ebene F.

$$d=\left|\frac{2\cdot1+2\cdot1+(-1)\cdot0-8}{\sqrt{2^2+2^2+(-1)^2}}\right|=\left|\frac{-4}{\sqrt{9}}\right|=\frac{4}{3}\text{ LE}$$

- **Möglichkeit 2 (Lotgerade)**

Vergleiche S. 101.

Beispiel 2: Berechnen Sie den Abstand zwischen $E: x_1 + 2x_2 - 3x_3 - 4 = 0$ und $F: -x_1 - 2x_2 + 3x_3 + 7 = 0$. (Hinweis: E und F liegen parallel zueinander.)

Berechnung eines Spurpunktes von E: $P(4|0|0)$.
Es wird der Abstand von $Q(4|0|0)$ zu F berechnet.

Möglichkeit 1:

$$d = \left|\frac{n_1q_1 + n_2q_2 + n_3q_3 + k}{\sqrt{n_1^{\,2} + n_2^{\,2} + n_3^{\,2}}}\right| = \left|\frac{-1\cdot 4 + (-2)\cdot 0 + 3\cdot 0 + 7}{\sqrt{(-1)^2 + (-2)^2 + 3^2}}\right| = \sqrt{\frac{9}{14}} = \frac{3}{\sqrt{14}} \approx 0{,}80 \text{ LE}$$

Möglichkeit 2:

Man bildet eine Hilfsgerade h, welche den Punkt Q enthält und senkrecht auf der Ebene steht (Lotgerade): $h: \vec{x} = \begin{pmatrix} 4 \\ 0 \\ 0 \end{pmatrix} + \lambda \cdot \begin{pmatrix} -1 \\ -2 \\ 3 \end{pmatrix}$ mit $\lambda \in \mathbb{R}$

Die Hilfsgerade wird mit der Ebene geschnitten. Der Schnittpunkt ist der Lotfußpunkt L. Die Koordinaten des allg. Geradenpunktes $x_1 = 4 - \lambda;\ \ x_2 = -2\lambda;\ \ x_3 = 3\lambda$ werden in die Koordinatengleichung eingesetzt:

$$-(4-\lambda) - 2\cdot(-2\lambda) + 3\cdot 3\lambda = -7 \ \Leftrightarrow\ -4 + \lambda + 4r + 9\lambda = -7 \ \Leftrightarrow\ \lambda = -\frac{3}{14}$$

$$\overrightarrow{OL} = \begin{pmatrix} 4 \\ 0 \\ 0 \end{pmatrix} - \frac{3}{14} \cdot \begin{pmatrix} -1 \\ -2 \\ 3 \end{pmatrix} = \begin{pmatrix} \frac{59}{14} \\ \frac{3}{7} \\ -\frac{9}{14} \end{pmatrix} \rightarrow L\left(\frac{59}{14} \,\middle|\, \frac{3}{7} \,\middle|\, -\frac{9}{14}\right)$$

Den Abstand zwischen den Punkten Q und L berechnen.

Lotvektor: $\overrightarrow{QL} = \begin{pmatrix} \frac{59}{14} \\ \frac{3}{7} \\ -\frac{9}{14} \end{pmatrix} - \begin{pmatrix} 4 \\ 0 \\ 0 \end{pmatrix} = \begin{pmatrix} \frac{3}{14} \\ \frac{3}{7} \\ -\frac{9}{14} \end{pmatrix}$

mit Länge: $d = \left|\overrightarrow{QL}\right| = \sqrt{\left(\frac{3}{14}\right)^2 + \left(\frac{3}{7}\right)^2 + \left(-\frac{9}{14}\right)^2} = \sqrt{\frac{9}{14}} \text{ LE} \approx 0{,}80 \text{ LE}$

7. Spiegelungen

1. Punkt an Punkt

Beispiel: $Q(1|-2|3)$ an $S(0|4|-3)$.

Vorgehen: $\overrightarrow{OQ^*} = \overrightarrow{OQ} + 2 \cdot \overrightarrow{QS}$

Lösung: $\overrightarrow{OQ^*} = \overrightarrow{OQ} + 2 \cdot \overrightarrow{QS} = \begin{pmatrix} 1 \\ -2 \\ 3 \end{pmatrix} + 2 \cdot \begin{pmatrix} 0-1 \\ 4-(-2) \\ -3-3 \end{pmatrix} = \begin{pmatrix} -1 \\ 10 \\ -9 \end{pmatrix} \rightarrow Q^*(-1|10|-9)$

2. Punkt an Ebene

Beispiel: $Q(1|2|3)$ an $E: 2x_1 - x_2 + 4x_3 + 9 = 0$

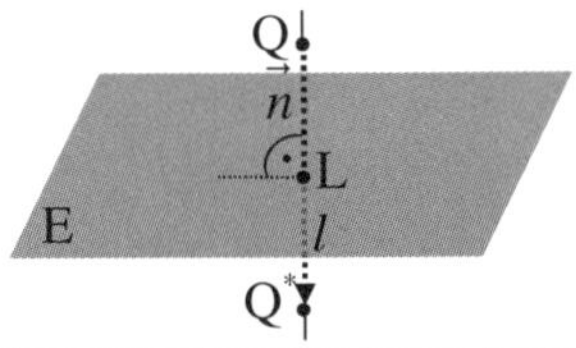

Schritt 1: Lotgerade *l* bilden, die den Punkt **Q enthält** und **senkrecht auf der Ebene E** steht. (Q als Stützpunkt und Normalenvektor der Ebene als Richtungsvektor verwenden).

$l: \vec{x} = \vec{q} + \lambda \cdot \vec{n} \Rightarrow l: \vec{x} = \begin{pmatrix} 1 \\ 2 \\ 3 \end{pmatrix} + \lambda \cdot \begin{pmatrix} 2 \\ -1 \\ 4 \end{pmatrix}$ (mit $\lambda \in \mathbb{R}$)

Schritt 2: Lotgerade *l* mit der Ebene E schneiden. Der Schnittpunkt ist der Lotfußpunkt L.

„Allgemeinen Geradenpunkt" $P_\lambda(1+2\lambda|2-\lambda|3+4\lambda)$ in E einsetzen:

$2x_1 - x_2 + 4x_3 = -9 \Leftrightarrow 2 \cdot (1+2\lambda) - (2-\lambda) + 4 \cdot (3+4\lambda) = -9 \Leftrightarrow \lambda = -1;$

$\lambda = -1$ einsetzen: $\overrightarrow{OL} = \begin{pmatrix} 1 \\ 2 \\ 3 \end{pmatrix} - 1 \cdot \begin{pmatrix} 2 \\ -1 \\ 4 \end{pmatrix} = \begin{pmatrix} -1 \\ 3 \\ -1 \end{pmatrix} \rightarrow L(-1|3|-1)$

Schritt 3: Der **Punkt Q** wird **am Lotfußpunkt L gespiegelt**.

$\overrightarrow{OQ^*} = \overrightarrow{OQ} + 2 \cdot \overrightarrow{QL} = \begin{pmatrix} 1 \\ 2 \\ 3 \end{pmatrix} + 2 \cdot \begin{pmatrix} -1-1 \\ 3-2 \\ -1-3 \end{pmatrix} = \begin{pmatrix} -3 \\ 4 \\ -5 \end{pmatrix} \rightarrow Q^*(-3|4|-5)$

Hinweis: Ähnliches Vorgehen bei der Abstandsberechnung: ***Punkt – Ebene***.

3. Gerade an Ebene

Schritt 1: Gerade mit Ebene schneiden. Der Schnittpunkt S ist der erste Punkt von g^*.

Schritt 2: Stützpunkt P der Geraden g an der Ebene spiegeln (siehe 3.). Man erhält P^*, den zweiten Punkt von g^*.

Schritt 3: Aufstellen der Geradengleichung von g^* aus den beiden Punkten S und P^*.

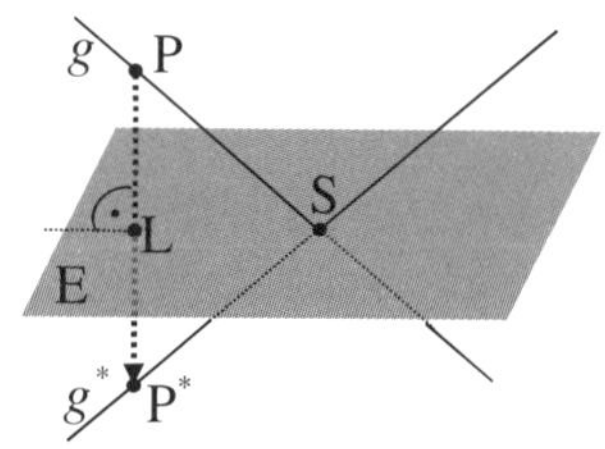

Hinweis: Falls die zu spiegelnde Gerade g und die Ebene E parallel sind, muss nur der Stützpunkt der Geraden gespiegelt werden, was zum Stützpunkt von g^* führt. Da g und g^* parallel sind, kann der Richtungsvektor von g in g^* übernommen werden.

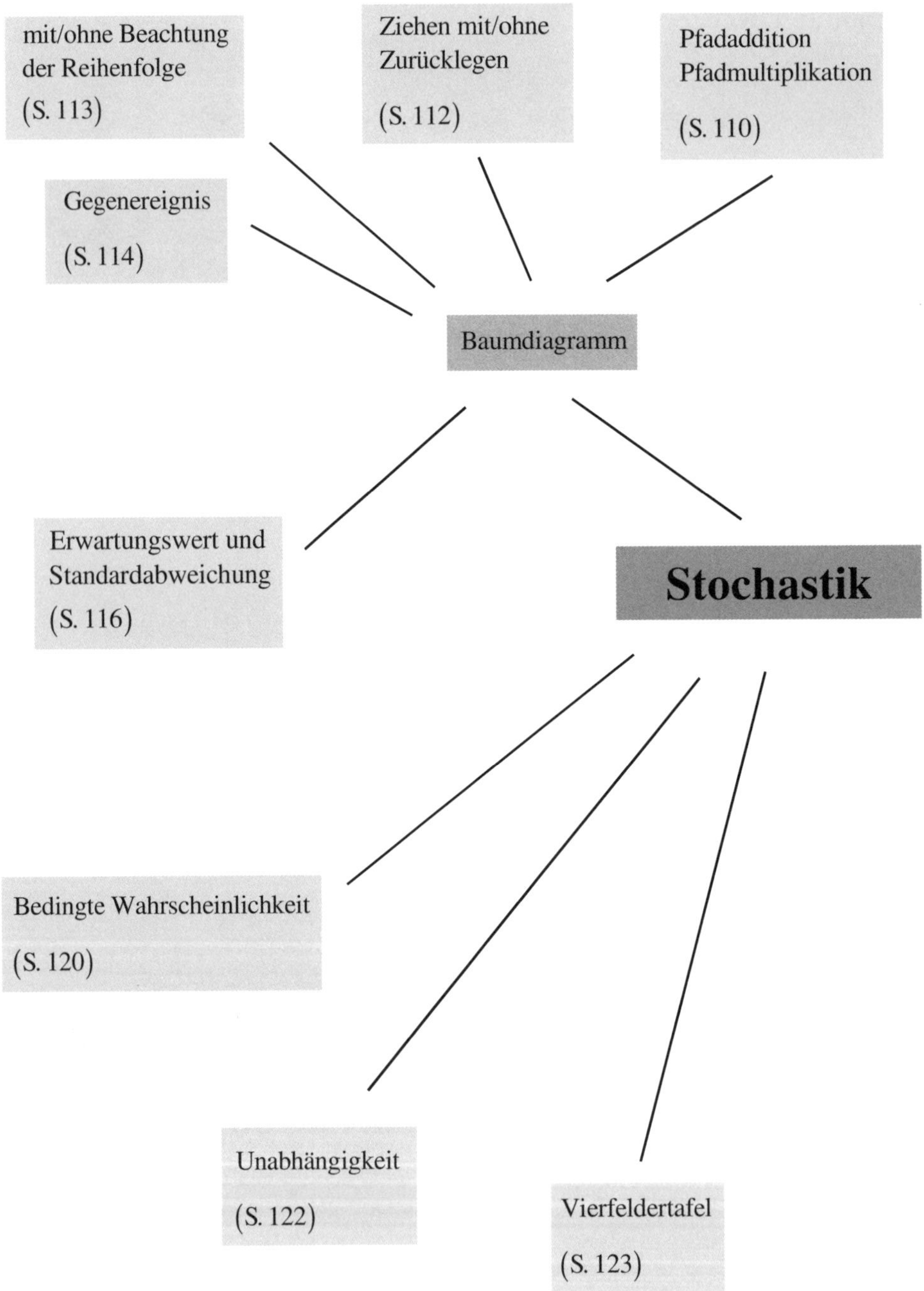
mit/ohne Beachtung der Reihenfolge (S. 113)
Ziehen mit/ohne Zurücklegen (S. 112)
Pfadaddition Pfadmultiplikation (S. 110)
Gegenereignis (S. 114)
Baumdiagramm
Erwartungswert und Standardabweichung (S. 116)
Stochastik
Bedingte Wahrscheinlichkeit (S. 120)
Unabhängigkeit (S. 122)
Vierfeldertafel (S. 123)

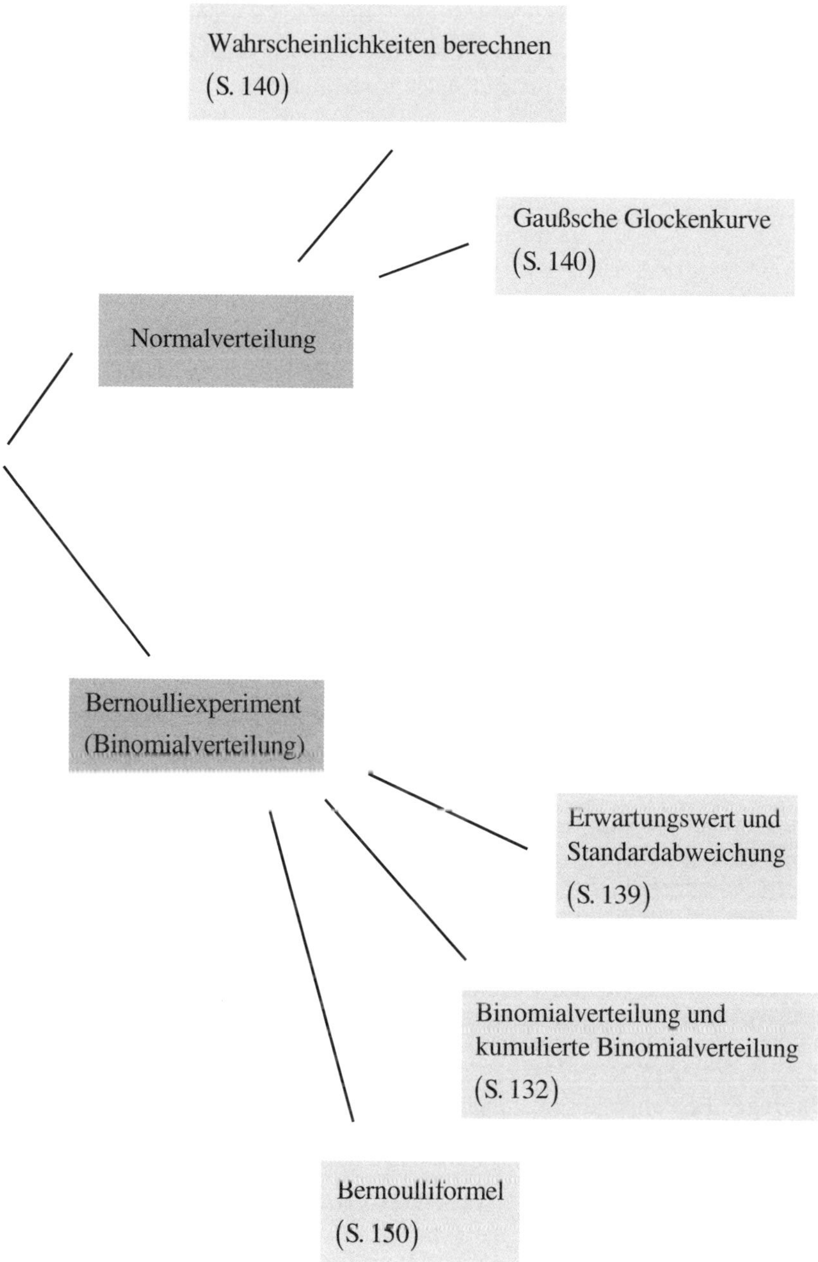
Wahrscheinlichkeiten berechnen (S. 140)
Gaußsche Glockenkurve (S. 140)
Normalverteilung
Bernoulliexperiment (Binomialverteilung)
Erwartungswert und Standardabweichung (S. 139)
Binomialverteilung und kumulierte Binomialverteilung (S. 132)
Bernoulliformel (S. 150)

1. Baumdiagramm und Pfadregeln

1.1 Einführung

Beispiel 1: In einer Urne befinden sich 4 rote, 3 blaue und 2 grüne Kugeln. Es werden nacheinander 2 Kugeln entnommen. Mit welcher Wahrscheinlichkeit wird 2-mal die gleiche Farbe gezogen? Entnommene Kugeln werden hierbei …

a) … wieder zurückgelegt. **(Ziehen mit Zurücklegen)**

b) … nicht wieder zurückgelegt. **(Ziehen ohne Zurücklegen)**

1. Schritt: Baumdiagramm anlegen

a)

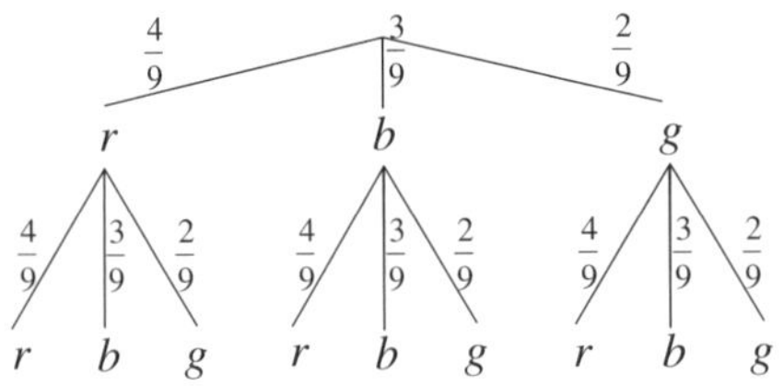

b)

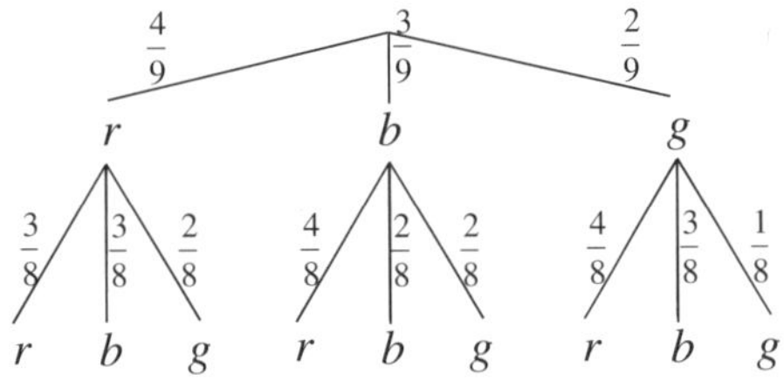

Hinweise

- Zu Beginn befinden sich 9 Kugeln in der Urne, von denen 4 rot sind. Dies führt zu einer Wahrscheinlichkeit von 4/9 für rot. (P = günstige/mögliche)
- Summe der Wahrscheinlichkeiten an jeder Verzweigung: 100 %
- **Ziehen ohne Zurücklegen:** Wahrscheinlichkeiten ändern sich hier von Stufe zu Stufe, abhängig davon: **Wie viele** Kugeln schon gezogen wurden (Änderung im **Nenner**) und **welche** Kugeln in den Vorstufen gezogen wurden (Änderung im **Zähler**).

2. Schritt: Ereignis definieren, welches alle gefragten Ergebnisse enthält

$$\mathrm{E} = \{rr; bb; gg\}$$

3. Schritt: Wahrscheinlichkeit des Ereignisses berechnen

a)

$$\mathrm{P(E)} = \mathrm{P}(rr) + \mathrm{P}(bb) + \mathrm{P}(gg)$$
$$= \frac{4}{9}\cdot\frac{4}{9} + \frac{3}{9}\cdot\frac{3}{9} + \frac{2}{9}\cdot\frac{2}{9} = \frac{29}{81} \approx 0,358$$

b)

$$\mathrm{P(E)} = \mathrm{P}(rr) + \mathrm{P}(bb) + \mathrm{P}(gg)$$
$$= \frac{4}{9}\cdot\frac{3}{8} + \frac{3}{9}\cdot\frac{2}{8} + \frac{2}{9}\cdot\frac{1}{8} = \frac{5}{18} \approx 0,278$$

- **1. Pfadregel:** Ergebniswahrscheinlichkeiten aller zugehörigen Ergebnisse addieren.
- **2. Pfadregel:** Ergebniswahrscheinlichkeiten durch Multiplikation „entlang ihres Ergebnispfades".

http://frv.tv/3a

Beispiel 2: Beim Rundlauf (Mäxle) im Tischtennis stehen sich im Finale zwei Spieler gegenüber. Spieler 1 entscheidet mit einer Wahrscheinlichkeit von 60 % einen Ballwechsel für sich. Wer zuerst 2 Ballwechsel gewonnen hat, ist Sieger.
Mit welcher Wahrscheinlichkeit gewinnt Spieler 1 insgesamt?

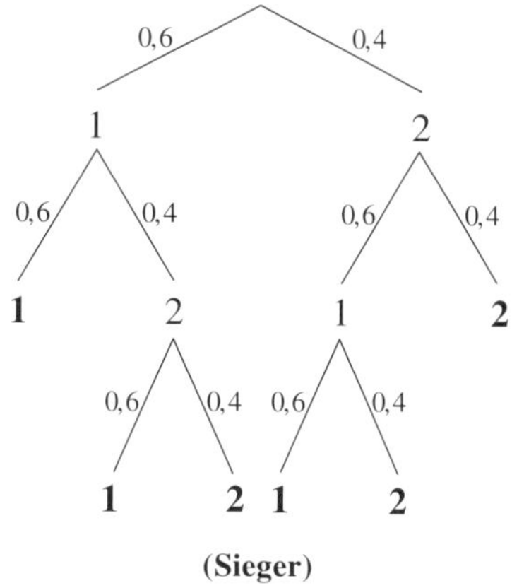

$$E=\{11;121;211\}$$

$$\begin{aligned}P(E)&=P(11)+P(121)+P(211)\\&=0,6\cdot 0,6+0,6\cdot 0,4\cdot 0,6+0,4\cdot 0,6\cdot 0,6\\&=0,648=64,8\ \%\end{aligned}$$

Beispiel 3: In einem Paket befinden sich 11 Smartphones. 4 davon sind vom Hersteller Samsung (*s*). Für 70 % der Handys eines jeden Herstellers wird eine Flatrate (*f*) gebucht. Ein Smartphone wird blind entnommen. Mit welcher Wahrscheinlichkeit ist es nicht von Samsung und ohne Flatrate.

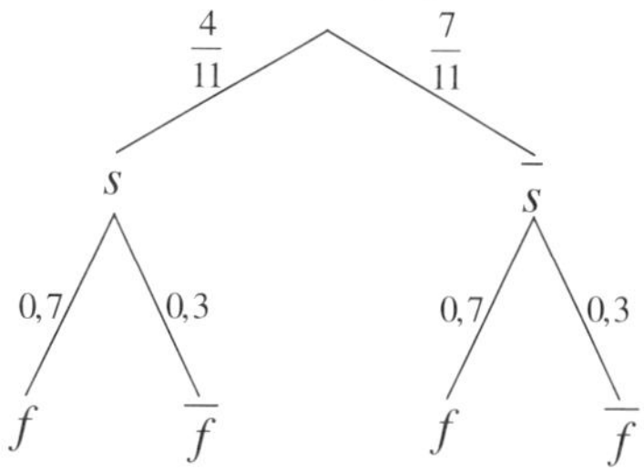

$$E=\{\overline{s}\,\overline{f}\}$$

$$P(E)=P(\overline{s}\,\overline{f})=\frac{7}{11}\cdot 0,3\approx 0,191=19,1\%$$

Beispiel 4: 30 % der 100 m-Läufer sind bei einem Wettkampf gedopt (*g*). Ein Dopingtest entlarvt gedopte Sportler mit einer Wahrscheinlichkeit von 99 %. Jedoch erhält auch ein nicht gedopter Sportler mit einer Wahrscheinlichkeit von 4 % ein positives Dopingtestergebnis (*p*). Mit welcher Wahrscheinlichkeit wird ein zufällig ausgewählter Läufer positiv getestet?

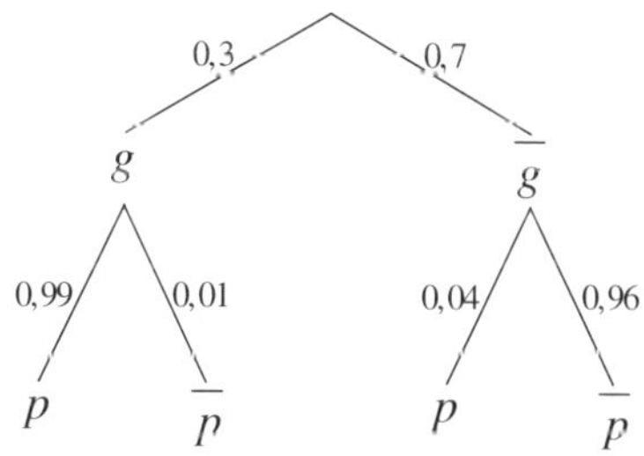

$$E=\{gp;\overline{g}p\}$$

$$\begin{aligned}P(E)&=P(gp)+P(\overline{g}p)\\&=0,3\cdot 0,99+0,7\cdot 0,04=0,325=32,5\%\end{aligned}$$

Weitere Beispiele und Aufbau der zugehörigen Baumdiagramme

Ziehen mit Zurücklegen	Ziehen ohne Zurücklegen
Beispiel 1: Es befinden sich immer 10 Teile in einem Karton, von denen 3 Teile stets defekt sind. Es werden 7 Kartons geöffnet. **Anzahl Stufen:** 7 **Wahrscheinlichkeiten:** $d: \frac{3}{10}$; $\bar{d}: \frac{7}{10}$	**Beispiel 1:** Es befinden sich 10 Teile in einem Karton. 3 Teile davon sind defekt. Aus dem Karton werden 4 Teile entnommen. **Anzahl Stufen:** 4 **Wahrscheinlichkeiten:** $d: \frac{3}{10}$; $\bar{d}: \frac{7}{10}$ **(nur 1. Stufe)**
Beispiel 2: Ein Glücksrad mit 6 gleich großen Feldern (1 rotes Feld, 2 blaue Felder, 3 grüne Felder) wird 4-mal gedreht. **Anzahl Stufen:** 4 **Wahrscheinlichkeiten:** $r: \frac{1}{6}$; $b: \frac{2}{6}$; $g: \frac{3}{6}$	**Beispiel 2:** In einer Lostrommel befinden sich 5 Gewinnlose und 25 Nieten. Es werden 4 Lose gezogen. **Anzahl Stufen:** 4 **Wahrscheinlichkeiten:** $\text{G}: \frac{5}{30}$; $\text{N}: \frac{25}{30}$ **(nur 1. Stufe)**
Beispiel 3: Ein Würfel wird 3-mal geworfen. (Oder: 3 Würfel werden gleichzeitig geworfen.) **Anzahl Stufen:** 3 **Wahrscheinlichkeiten:** $1: \frac{1}{6}$; $2: \frac{1}{6}$;...; $6: \frac{1}{6}$	**Beispiel 3:** Eine Rubbelkarte hat 16 Felder. Nur eines davon führt zu einem Gewinn. Ein Spieler rubbelt 3 Felder auf. **Anzahl Stufen:** 3 **Wahrscheinlichkeiten:** $\text{G}: \frac{1}{16}$; $\text{N}: \frac{15}{16}$ **(nur 1. Stufe)**
Beispiel 4: Die Prüfung für den Autoführerschein besteht aus 18 Fragen. Bei jeder Frage gibt es 3 Antwortmöglichkeiten, von denen eine richtig ist. Der Prüfling rät. **Anzahl Stufen:** 18 **Wahrscheinlichkeiten:** $r: \frac{1}{3}$; $f: \frac{2}{3}$	**Beispiel 4:** Aus einem Skatkartenspiel mit jeweils 8 Karten der Farben Kreuz, Pik, Herz und Karo werden 2 Karten entnommen. **Anzahl Stufen:** 2 **Wahrscheinlichkeiten (nur 1. Stufe):** $\text{Kr}: \frac{8}{32}$; $\text{P}: \frac{8}{32}$; $\text{H}: \frac{8}{32}$; $\text{Ka}: \frac{8}{32}$
Beispiel 5: Ein Schütze schießt 3-mal. Er trifft mit einer Wahrscheinlichkeit von 75 %. **Anzahl Stufen:** 3 **Wahrscheinlichkeiten:** $t: 0{,}75$; $\bar{t}: 0{,}25$	

1.2 Aufgabentypen

Den nachfolgenden 4 Aufgabentypen liegt die gleiche Ausgangssituation und damit das gleiche Baumdiagramm zugrunde.

Ausgangssituation (zu den Aufgabentypen 1-4)

In einer Urne befinden sich 5 rote, 4 blaue und 3 grüne Kugeln. Es werden 3 Kugeln ohne Zurücklegen entnommen.

Baumdiagramm

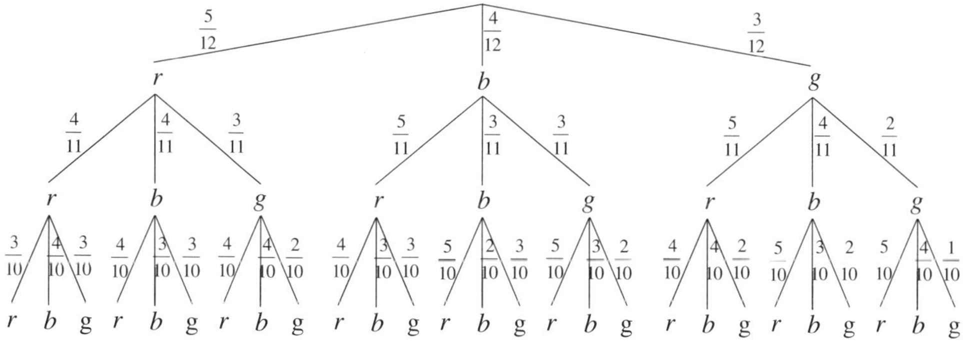

- **Aufgabentyp 1 (Vorgegebene Reihenfolge, also geordnet)**

Mit welcher Wahrscheinlichkeit werden <u>zunächst</u> eine rote Kugel <u>und dann</u> 2 blaue Kugeln gezogen?

$$\mathrm{E} = \{rbb\}$$

$$\mathrm{P(E)} = \mathrm{P}(rbb) = \frac{5}{12} \cdot \frac{4}{11} \cdot \frac{3}{10} = \frac{1}{22} \approx 0{,}045 = 4{,}5\ \%$$

- **Aufgabentyp 2 (Ohne vorgegebene Reihenfolge, also ungeordnet)**

Mit welcher Wahrscheinlichkeit werden (mit einem Griff) eine rote und 2 blaue Kugeln gezogen?

$\mathrm{E} = \{rbb; brb; bbr\}$ (keine vorgegebene Reihenfolge, größere Ergebnismenge)

$$\mathrm{P(E)} = \mathrm{P}(rbb) + \mathrm{P}(brb) + \mathrm{P}(bbr)$$

$$= \frac{5}{12} \cdot \frac{4}{11} \cdot \frac{3}{10} + \frac{4}{12} \cdot \frac{5}{11} \cdot \frac{3}{10} + \frac{4}{12} \cdot \frac{3}{11} \cdot \frac{5}{10}$$

$$= \mathbf{3} \cdot \left(\frac{5}{12} \cdot \frac{4}{11} \cdot \frac{3}{10} \right)$$

(**3** mögliche Umordnungen, alle mit gleicher Wahrscheinlichkeit)

$$= \frac{3}{22} = 0{,}136 = 13{,}6\ \%$$

http://frv.tv/3z

- **Aufgabentyp 3 (mit dem Gegenereignis arbeiten)**

Mit welcher Wahrscheinlichkeit wird mindestens eine rote oder eine blaue Kugel gezogen? (Zur Ausgangssituation S. 113)

$\mathrm{E} = \{rrr; rrb; rrg; rbr; \ldots(\textbf{viele}\text{ weitere})\}$

Idee: Nur wenige Ergebnisse aus der Ergebnismenge gehören nicht zum Ereignis E. Das **Gegenereignis** ($\overline{\mathrm{E}}$: Nur grüne Kugeln) beinhaltet damit nur ein einziges Ergebnis, wodurch dessen Wahrscheinlichkeit schnell berechnet werden kann.

$\overline{\mathrm{E}} = \{ggg\}$

$$\mathrm{P}(\overline{\mathrm{E}}) = \mathrm{P}(ggg) = \frac{3}{12} \cdot \frac{2}{11} \cdot \frac{1}{10} = \frac{1}{220} \approx 0{,}0045 = 0{,}45\ \%$$

$$\mathbf{P(E) = 1 - P(\overline{E})} = 1 - \frac{1}{220} = \frac{219}{220} \approx 0{,}9955 = 99{,}55\ \%$$

Falls die Signalwörter **„mindestens“** oder **„höchstens“** in Aufgabenstellungen enthalten sind, können diese oftmals mit dem **Gegenereignis** bearbeitet werden.

- **Aufgabentyp 4 (Baumdiagramm verkleinern)**

Mit welcher Wahrscheinlichkeit wird genau eine rote Kugel gezogen?
(Zur Ausgangssituation S. 113)

$\mathrm{E} = \{rbb; rbg; rgb; rgg; brb; \ldots$(**viele** weitere)$\}$

Idee: Bei dieser Aufgabenstellung ist es nicht relevant, ob bei einem Zug eine blaue oder eine grüne Kugel gezogen wird. Es geht nur darum, ob die gezogene Kugel rot ist oder eben nicht. Deshalb können jene beiden Äste zu einem $\overline{r}$-Ast zusammengelegt werden. Hierdurch wird das Baumdiagramm kleiner.

$$\mathrm{E} = \left\{\left(r\overline{r}\overline{r}\right); \left(\overline{r}r\overline{r}\right); \left(\overline{r}\overline{r}r\right)\right\}$$

$$\begin{aligned}\mathrm{P}(\mathrm{E}) &= \mathrm{P}\left(r\overline{r}\overline{r}\right) + \mathrm{P}\left(\overline{r}r\overline{r}\right) + \mathrm{P}\left(\overline{r}\overline{r}r\right) \\ &= \frac{5}{12}\cdot\frac{7}{11}\cdot\frac{6}{10} + \frac{7}{12}\cdot\frac{5}{11}\cdot\frac{6}{10} + \frac{7}{12}\cdot\frac{6}{11}\cdot\frac{5}{10} \\ &= 3\cdot\left(\frac{5}{12}\cdot\frac{7}{11}\cdot\frac{6}{10}\right) \\ &= \frac{21}{44} \approx 0{,}477 = 47{,}7\ \%\end{aligned}$$

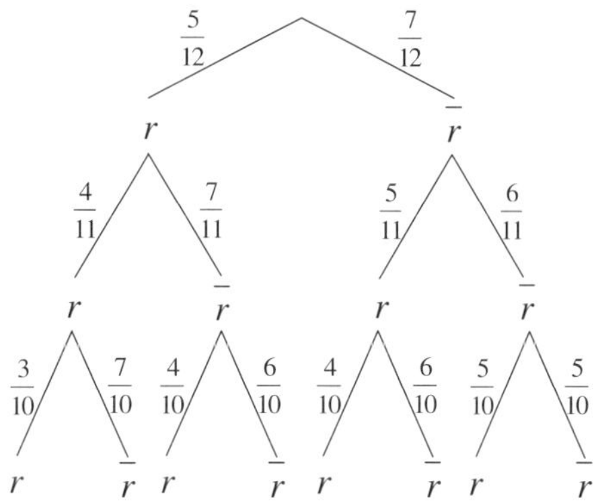

1.3 Zufallsgröße, Erwartungswert und Standardabweichung

Erklärende Beispiele

Beispiel 1

Ein Basketballspieler trifft erfahrungsgemäß einen Freiwurf mit einer Wahrscheinlichkeit von 80 %. Er wirft eine Folge aus 2 Würfen.

Die Zufallsgröße **X** gibt die **Anzahl der Treffer bei einer Folge** an.

a) Erstellen Sie für diese Zufallsgröße eine Wahrscheinlichkeitsverteilung.
b) Der Basketballspieler wirft viele Folgen nacheinander. Wie viele Treffer sind im Durchschnitt pro Folge zu erwarten?
c) Berechnen Sie die zugehörige Varianz und Standardabweichung.

Lösung

a) Baumdiagramm

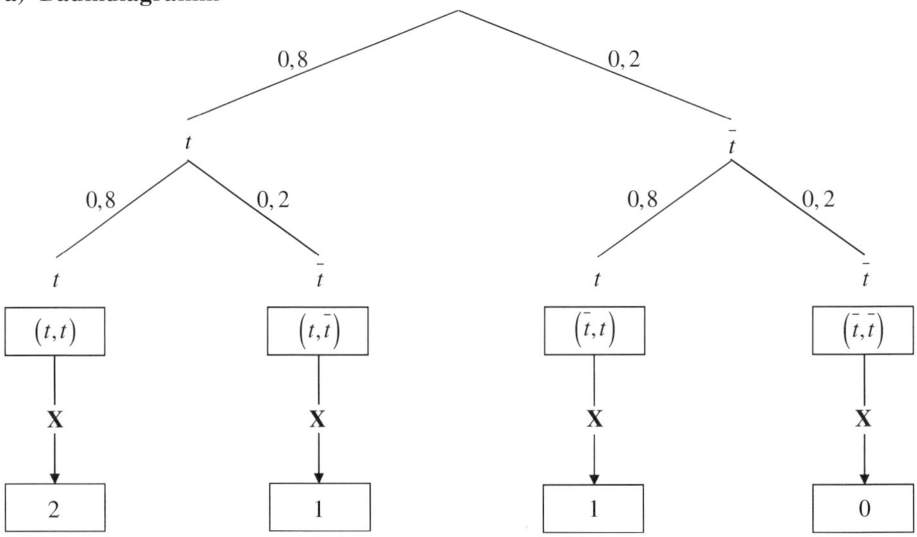

Hinweis

Die Zufallsgröße X ordnet jedem Ergebnis eine Zahl (hier: Anzahl der Treffer) zu.

http://frv.tv/7m

Wahrscheinlichkeitsverteilung der Zufallsgröße

Zugehörige Ergebnisse	(t,t)	$(t,\bar{t});(\bar{t},t)$	$(\bar{t},\bar{t})$
x_i (Mögliche Werte der Zufallsgröße X)	**2**	**1**	**0**
$\mathbf{P}(\mathbf{X}=x_i)$ (Wahrscheinlichkeiten zu den Werten der Zufallsgröße)	$0{,}8\cdot 0{,}8$ $=\mathbf{0{,}64}$	$0{,}8\cdot 0{,}2+0{,}2\cdot 0{,}8$ $=\mathbf{0{,}32}$	$0{,}2\cdot 0{,}2=\mathbf{0{,}04}$ (oder: $1-0{,}64-0{,}32$)

b) Erwartungswert (Abkürzungen: $\mathbf{E(X)}$) der Zufallsgröße

Allgemein: $\mathbf{E(X)}=x_1\cdot\mathbf{P}(\mathbf{X}=x_1)+x_2\cdot\mathbf{P}(\mathbf{X}=x_2)+\ldots+x_n\cdot\mathbf{P}(\mathbf{X}=x_n)$

Im Beispiel: $\mathrm{E}(\mathrm{X})=2\cdot 0{,}64+1\cdot 0{,}32(+0\cdot 0{,}04)=1{,}6$

Interpretation

Der Basketballspieler kann durchschnittlich 1,6 Treffer pro Folge erwarten.

c) Varianz (Abkürzung: $\mathbf{Var(X)}$) der Zufallsgröße

Allgemein: $\mathbf{Var(X)}=(x_1-\mathbf{E(X)})^2\cdot\mathbf{P}(\mathbf{X}=x_1)+\ldots+(x_n-\mathbf{E(X)})^2\cdot\mathbf{P}(\mathbf{X}=x_n)$

Im Beispiel: $\mathrm{Var}(\mathrm{X})=(2-1{,}6)^2\cdot 0{,}64+(1-1{,}6)^2\cdot 0{,}32+(0-1{,}6)^2\cdot 0{,}04=0{,}32$

Standardabweichung $\sqrt{\mathbf{Var(X)}}$ der Zufallsgröße

Allgemein: $\sqrt{\mathbf{Var(X)}}$

Im Beispiel: $\sqrt{0{,}32}\approx 0{,}57$

Interpretation

Varianz und Standardabweichung messen, wie sehr die Wahrscheinlichkeitsverteilung um den Erwartungswert „streut".

Beispiel 2

Ein Spieler kann gegen einen Einsatz von 4 € an folgendem Spiel teilnehmen:
Er würfelt ein Mal. Bei einer geraden Zahl erhält er 3 €. Bei einer ungeraden Zahl erhält er den doppelten Betrag der gewürfelten Augenzahl.

Ist es günstig für den Spieler, bei diesem Spiel teilzunehmen?

1. Lösungsvariante: Die **Zufallsgröße X** gibt den **Auszahlungsbetrag an den Spieler** an.

Baumdiagramm

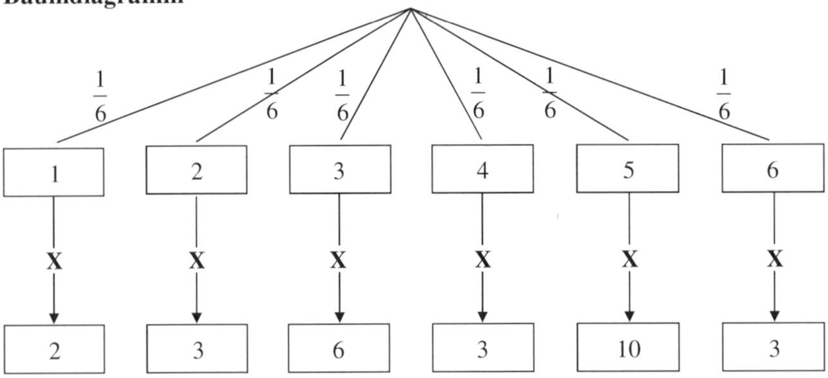

Wahrscheinlichkeitsverteilung der Zufallsgröße

Zugehörige Ergebnisse	$(2);(4);(6)$	(5)	(3)	(1)
x_i	**3**	**10**	**6**	**2**
$\mathbf{P(X = x_i)}$	$\frac{1}{6}+\frac{1}{6}+\frac{1}{6}=\mathbf{\frac{3}{6}}$	$\mathbf{\frac{1}{6}}$	$\mathbf{\frac{1}{6}}$	$\mathbf{\frac{1}{6}}$

Erwartungswert der Zufallsgröße

$$\mathbf{E(X)=3\cdot\frac{3}{6}+10\cdot\frac{1}{6}+6\cdot\frac{1}{6}+2\cdot\frac{1}{6}=4{,}5}$$

Interpretation und Ergebnis

X gibt den Auszahlungsbetrag an den Spieler pro Spiel an. Somit gibt **E(X)** den zu **erwartenden Auszahlungsbetrag** pro Spiel an, den der Spieler bei vielen Spielen durchschnittlich erhalten würde.

http://frv.tv/3d

Der Spieler erreicht hier durch seine Teilnahme einen erwarteten Auszahlungsbetrag von 4,50 € pro Spieldurchgang. Da dieser **höher als sein Einsatz** ist, ist das Spiel **günstig für den Spieler** (und ungünstig für den Anbieter).

2. Lösungsvariante: Die **Zufallsgröße X** gibt den **Gewinn des Spielers** an.

Hinweis: Gewinn = Auszahlungsbetrag – Einsatz

Wahrscheinlichkeitsverteilung der Zufallsgröße

Zugehörige Ergebnisse	$(2);(4);(6)$	(5)	(3)	(1)
x_i	$\mathbf{-1}\ (=3-4)$	$\mathbf{6}\ (=10-4)$	$\mathbf{2}\ (=6-4)$	$\mathbf{-2}\ (=2-4)$
$P(X=x_i)$	$\frac{1}{6}+\frac{1}{6}+\frac{1}{6}=\frac{\mathbf{3}}{\mathbf{6}}$	$\frac{\mathbf{1}}{\mathbf{6}}$	$\frac{\mathbf{1}}{\mathbf{6}}$	$\frac{\mathbf{1}}{\mathbf{6}}$

Erwartungswert der Zufallsgröße

$$E(X)=(-1)\cdot\frac{3}{6}+6\cdot\frac{1}{6}+2\cdot\frac{1}{6}+(-2)\cdot\frac{1}{6}=0,5$$

Interpretation und Ergebnis

X gibt den Gewinn des Spielers pro Spiel an. Somit gibt **E(X)** den zu **erwartenden Gewinn** pro Spiel an, den der Spieler bei vielen Spielen durchschnittlich erhalten würde. Der Spieler erreicht hier durch seine Teilnahme einen erwarteten Durchschnittsgewinn von 0,50 € pro Spieldurchgang. Da dieser **positiv** ist, ist das Spiel **günstig für den Spieler** (und ungünstig für den Anbieter).

Übersicht

X: Auszahlungsbetrag an Spieler	
E(X) > **Einsatz**	günstig für Spieler
E(X) = **Einsatz**	faires Spiel
E(X) < **Einsatz**	günstig für Anbieter

X: Gewinn des Spielers	
E(X) > **0**	günstig für Spieler
E(X) = **0**	faires Spiel
E(X) < **0**	günstig für Anbieter

2. Bedingte Wahrscheinlichkeit, Unabhängigkeit, Vierfeldertafel

2.1 Bedingte Wahrscheinlichkeit

Formel (allg.)

$$\mathbf{P_A(B) = \frac{P(A \cap B)}{P(A)}}$$

A: Gesuchtes Ereignis
B: Vorwissen bzw. Bedingung
$\cap$: „und“

Formel (in Worten)

$$\text{P}_{\text{Vorwissen}}(\text{gesucht}) = \frac{\text{P(entspricht Vorwissen und ist gesucht)}}{\text{P(möglich laut Vorwissen)}}$$

Beispiel 1: Eine Münze wird 2-mal geworfen.
Berechnen Sie die Wahrscheinlichkeit, dass genau ein Mal Zahl geworfen wird, wobei bekannt ist, dass im zweiten Wurf Wappen geworfen wird.

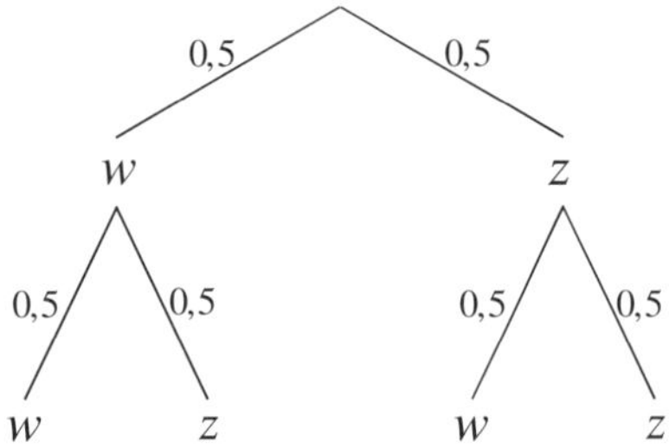

$$\text{P}_{\text{Wappen im 2. Wurf}}(\text{genau ein Mal Zahl}) = \frac{\text{P(Wappen im 2. Wurf und genau ein Mal Zahl)}}{\text{P(Wappen im 2. Wurf)}}$$

$$= \frac{\text{P}(zw)}{\text{P}(zw)+\text{P}(ww)} = \frac{0{,}5 \cdot 0{,}5}{0{,}5 \cdot 0{,}5 + 0{,}5 \cdot 0{,}5} = \frac{0{,}25}{0{,}5} = 0{,}5 = 50\,\%$$

Beispiel 2: An einer Schule werden Schüler nach der Marke ihres Smartphones befragt:

Marke	Samsung	Apple	Sony	HTC	sonst
Anteil	45 %	21 %	8%	6 %	20 %

Mit welcher Wahrscheinlichkeit hat ein Schüler, von welchem bekannt ist, dass er kein Smartphone von Samsung besitzt, ein Smartphone von HTC?

$$\text{P}_{\text{kein Samsung}}(\text{HTC}) = \frac{\text{P(kein Samsung und HTC)}}{\text{P(kein Samsung)}} = \frac{\text{P(HTC)}}{\text{P(kein Samsung)}}$$

$$= \frac{0{,}06}{1-0{,}45} = \frac{0{,}06}{0{,}55} \approx 0{,}109 = 10{,}9\,\%$$

http://frv.tv/6j

Wichtige Hinweise

Erkennen, dass eine Aufgabe zur bedingten Wahrscheinlichkeit vorliegt

Die Schwierigkeit bei Aufgaben zur bedingten Wahrscheinlichkeit besteht oftmals darin, diese überhaupt als solche zu entlarven und nicht mit „üblichen Baumaufgaben“ zu verwechseln. Hierbei muss das Merkmal solcher Aufgaben, nämlich die Existenz von Vorwissen, erkannt werden.
Es gibt mehrere **grammatikalische Formulierungen**, die den Aufgabenbearbeiter über vorhandenes Vorwissen informieren sollen.

Beispiel (siehe Vorseite)

gesuchtes Ereignis

Berechnen Sie die Wahrscheinlichkeit dafür, dass genau ein Mal Zahl geworfen wird, **wobei bekannt ist, dass** im zweiten Wurf Wappen geworfen wird.

grammatikalische Formulierung — Vorwissen (Bedingung)

Weitere grammatikalische Formulierungen für die bedingte Wahrscheinlichkeit

Berechnen Sie die Wahrscheinlichkeit dafür, dass genau ein Mal Zahl geworfen wird, **wenn man weiß, dass** im zweiten Wurf Wappen geworfen wird.

Berechnen Sie die Wahrscheinlichkeit dafür, dass genau ein Mal Zahl geworfen wird, **falls** im zweiten Wurf Wappen geworfen wird.

Berechnen Sie die Wahrscheinlichkeit dafür, dass genau ein Mal Zahl geworfen wird, **wenn** im zweiten Wurf Wappen geworfen wird.

Im zweiten Wurf wird Wappen geworfen. **(Vorwissen in eigenem Satz.)**
Berechnen Sie die Wahrscheinlichkeit dafür, dass genau ein Mal Zahl geworfen wird.

Achtung: Keine bedingte Wahrscheinlichkeit bei Formulierungen mit „und“

Formulierungen mit **„und“** deuten auf eine Aufgabenstellung ohne eine bedingte Wahrscheinlichkeit hin.

Beispiel: Eine Münze wird 2-mal geworfen. Berechnen Sie die Wahrscheinlichkeit dafür, dass genau ein Mal Zahl **und** im zweiten Wurf Wappen geworfen wird.

$P(zw) = 0{,}5 \cdot 0{,}5 = 0{,}25$

2.2 Unabhängigkeit $\left(\text{Testgleichung: } \mathbf{P(A \cap B) = P(A) \cdot P(B)}\right)$

Abhängige Ereignisse	Unabhängige Ereignisse
Beispiel Eine Münze wird 2-mal geworfen. A: *Im ersten Wurf erscheint Wappen* B: *In beiden Würfen erscheint Wappen* Sind die beiden Ereignisse abhängig oder unabhängig?	**Beispiel** Eine Münze wird 2-mal geworfen. A: *Im ersten Wurf erscheint Wappen* B: *Im zweiten Wurf erscheint Wappen* Sind die beiden Ereignisse abhängig oder unabhängig?
Rechnerische Lösung **1. $\mathbf{P(A)}$ bestimmen** $A = \{(WZ);(WW)\}$ $P(A) = P(WZ) + P(WW) = 0{,}5 \cdot 0{,}5 + 0{,}5 \cdot 0{,}5 = 0{,}5$ (Baumdiagramm!) **2. $\mathbf{P(B)}$ bestimmen** $B = \{(WW)\}$ $P(B) = P(WW) = 0{,}5 \cdot 0{,}5 = 0{,}25$ **3. $\mathbf{P(A \cap B)}$ bestimmen** $A \cap B = \{(WW)\}$ $P(A \cap B) = P(WW) = 0{,}5 \cdot 0{,}5 = 0{,}25$ **4. Test:** $\mathbf{P(A \cap B) = P(A) \cdot P(B)}$ $0{,}25 \neq 0{,}5 \cdot 0{,}25$ $0{,}25 \neq 0{,}125$ Gleichung ist **nicht erfüllt**, somit sind A und B **abhängig!**	**Rechnerische Lösung** **1. $\mathbf{P(A)}$ bestimmen** $A = \{(WZ);(WW)\}$ $P(A) = P(WZ) + P(WW) = 0{,}5 \cdot 0{,}5 + 0{,}5 \cdot 0{,}5 = 0{,}5$ (Baumdiagramm!) **2. $\mathbf{P(B)}$ bestimmen** $B = \{(ZW);(WW)\}$ $P(B) = P(ZW) + P(WW) = 0{,}5 \cdot 0{,}5 + 0{,}5 \cdot 0{,}5 = 0{,}5$ **3. $\mathbf{P(A \cap B)}$ bestimmen** $A \cap B = \{(WW)\}$ $P(A \cap B) = P(WW) = 0{,}5 \cdot 0{,}5 = 0{,}25$ **4. Test:** $\mathbf{P(A \cap B) = P(A) \cdot P(B)}$ $0{,}25 = 0{,}5 \cdot 0{,}5$ $0{,}25 = 0{,}25$ Gleichung ist **erfüllt**, somit sind A und B **unabhängig!**
Intuitive Lösung Wenn beispielsweise das Ereignis A nicht eintritt, weil im ersten Wurf Zahl erscheint, kann das Ereignis B ebenfalls nicht mehr eintreten.	**Intuitive Lösung** Ob im ersten Wurf Wappen erscheint (oder nicht) steht in keinem Zusammenhang damit, dass im zweiten Wurf Wappen erscheint.
Merkmal: Zusammenhang existiert	**Merkmal: Kein Zusammenhang**

http://frv.tv/4c

2.3 Vierfeldertafel

Grundregel: Zeilen- und Spaltenaddition

Beispiel 1

Über die Personen, die in einer Stadt wohnen, ist bekannt:

- 41 % der Personen sind groß;
- 45 % der Personen sind männlich;
- 6 % der Personen sind groß und weiblich.

Für eine Verlosung wird eine Person zufällig ausgewählt.

Mit welcher Wahrscheinlichkeit ist diese klein und weiblich?

Größe \ Geschlecht	m	$\overline{m}$	
g		0,06	0,41
$\overline{g}$			
	0,45		1

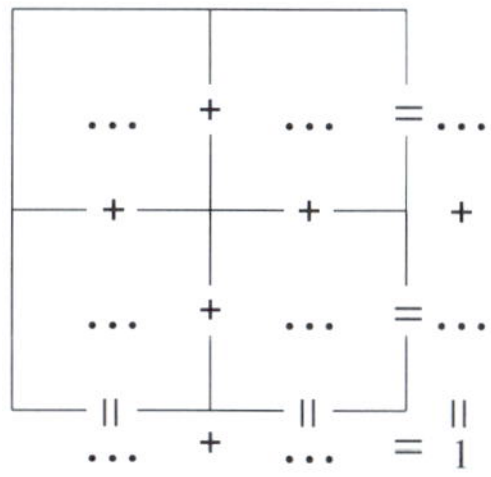

Größe \ Geschlecht	m	$\overline{m}$	
g	0,35	0,06	0,41
$\overline{g}$	0,10	**0,49**	0,59
	0,45	0,55	1

Lösung: $P(\overline{g}\,\overline{m}) = \mathbf{0,49}$

Zusatzregel bei Unabhängigkeit: P(außen) · P(außen) = P(innen)

Beispiel 2

Über die Personen, die in einer Stadt wohnen, ist bekannt:

- 41 % der Personen sind groß;
- 52 % der Personen haben dunkles Haar;
- **Information: Größe und Haarfarbe sind voneinander unabhängig.**

Für eine Verlosung wird eine Person zufällig ausgewählt.

Mit welcher Wahrscheinlichkeit ist diese klein und besitzt helles Haar?

Größe \ Haarfarbe	d	$\overline{d}$	
g			0,41
$\overline{g}$			
	0,52		1

Zusatzregel

P(außen) · P(außen) = P(innen)

Größe \ Haarfarbe	d	$\overline{d}$	
g	0,21 (= 0,41 · 0,52)	0,20 (= 0,41 · 0,48)	0,41
$\overline{g}$	0,31 (= 0,59 · 0,52)	**0,28** (= 0,59 · 0,48)	0,59
	0,52	0,48	1

Lösung: $P(\overline{g}\,\overline{d}) = \mathbf{0,28}$

http://frv.tv/4d

2.4 Zusammenhänge und Vernetzung

Bei Aufgabenstellungen, bei denen 2 Merkmale, wie beispielsweise Größe und Geschlecht (Beispiel 1, S. 123), in jeweils 2 Ausprägungen vorkommen, besteht oftmals das Problem zu entscheiden, ob eine Vierfeldertafel oder ein 2-stufiger Wahrscheinlichkeitsbaum zur Bearbeitung verwendet werden soll.
Hierfür muss erkannt werden, welche **Typen von Wahrscheinlichkeitsangaben** in der Aufgabenstellung gegebenen sind und an welchen **Positionen** diese in der Vierfeldertafel bzw. im Wahrscheinlichkeitsbaum stehen.
Es muss dann das Instrument vorgezogen werden, für welches eine ausreichende Menge an Wahrscheinlichkeitsangaben vorhanden ist.

Größe \ *Geschlecht*	m	$\overline{m}$	
g	$P(gm)$	$P(g\overline{m})$	$P(g)$
$\overline{g}$	$P(\overline{g}m)$	$P(\overline{g}\overline{m})$	$P(\overline{g})$
	$P(m)$	$P(\overline{m})$	1

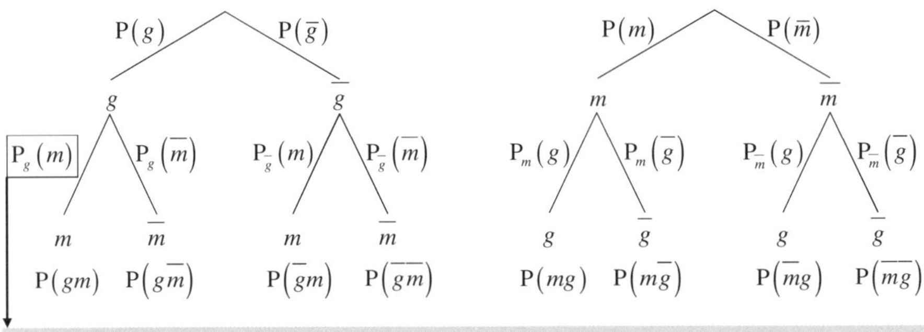

Weshalb steht auf der zweiten Stufe eine bedingte Wahrscheinlichkeit?
Wie bisher muss in einem Baumdiagramm an dieser Stelle die Wahrscheinlichkeit stehen, dass eine Person, von der man weiß, dass sie groß ist (sonst: anderer Ast), männlich ist. Dass die Person groß ist, kann jedoch als **Vorwissen** interpretiert werden. Somit liegt eigentlich eine bedingte Wahrscheinlichkeitsangabe vor.
Aber: Dies hat keine Auswirkung auf den Umgang mit dem Baumdiagramm. Sie wissen nun lediglich, von welcher Art diese Wahrscheinlichkeitsangabe ist!

http://frv.tv/4e

Typen von Wahrscheinlichkeitsangaben	Position
1. Typ : Eigenschaftswahrscheinlichkeit **Schreibweise :** $P(g), P(\overline{g}), P(m), P(\overline{m})$ **Interpretation :** z.B. $P(g) = 0,41 \rightarrow$ Zu 41 % ist die ausgewählte Person groß **Merkmale :** 1. Es geht nur um eine Eigenschaft (z.B. Größe) 2. Angabe bezieht sich auf die gesamte Grundmenge (alle Personen)	**Vierfeldertafel :** Außerhalb **Baumdiagramm :** Auf der ersten Stufe
2. Typ : Bedingte Wahrscheinlichkeit **Schreibweise :** $P_g(m), P_g(\overline{m}), ..., P_{\overline{m}}(\overline{g})$ **Interpretation :** z.B. $P_g(m) = 0,854 \rightarrow$ Wenn die ausgewählte Person groß ist, ist sie zu 85,4 % männlich **Merkmale :** 1. Es geht um beide Eigenschaften (Größe und Geschlecht) 2. Angabe bezieht sich nur auf einen Teil der Grundmenge (nur die großen Personen)	**Vierfeldertafel :** !! Nicht vorhanden !! **Baumdiagramm :** Auf der zweiten Stufe
3. Typ : Ergebniswahrscheinlichkeit **Schreibweise :** $P(gm), P(\overline{g}m), ..., P(\overline{m}\overline{g})$ **Interpretation :** z.B. $P(g\overline{m}) = 0,06 \rightarrow$ Zu 6 % ist die ausgewählte Person groß und weiblich **Merkmale :** 1. Es geht um beide Eigenschaften (Größe und Geschlecht) 2. Angabe bezieht sich auf die gesamte Grundmenge (alle Personen)	**Vierfeldertafel :** In den Innenfeldern **Baumdiagramm :** Ergebnis der Pfadmultiplikation („Baumblätter“)

Beispiel 1

Die Schüler einer Klasse bereiten sich auf eine Klausur in Mathematik vor. Der Mathematiklehrer der Klasse weiß aus Erfahrung:

63 % der Schüler haben den Stoff verstanden;
Ein Schüler, der den Stoff verstanden hat, erreicht mit einer Wahrscheinlichkeit von 69 % ein positives Ergebnis;
Ein Schüler, der den Stoff nicht verstanden hat, erreicht hingegen nur mit einer Wahrscheinlichkeit von 28 % ein positives Ergebnis.

Ein Schüler dieser Klasse wird zufällig ausgewählt. Mit welcher Wahrscheinlichkeit erreicht er kein positives Ergebnis?

Lösung

Bezeichnungen

v: Schüler hat Stoff verstanden; $\overline{v}$: Schüler hat Stoff nicht verstanden
p: Schüler erreicht pos. Ergebnis; $\overline{p}$: Schüler erreicht kein pos. Ergebnis

Gegebene Typen von Wahrscheinlichkeitsangaben

$P(v) = 0,63$: Eigenschaftswahrscheinlichkeit (nur Eigenschaft „Stoff verstanden")
$P_v(p) = 0,69$: Bed. Wahrscheinlichkeit (nur von Schülern mit „Stoff verstanden")
$P_{\overline{v}}(p) = 0,28$: Bed. Wahrscheinlichkeit (nur von Schülern mit „Stoff nicht verstanden")

<table>
<tr><th>Besser: Baumdiagramm</th><th>Vierfeldertafel</th></tr>
<tr><td>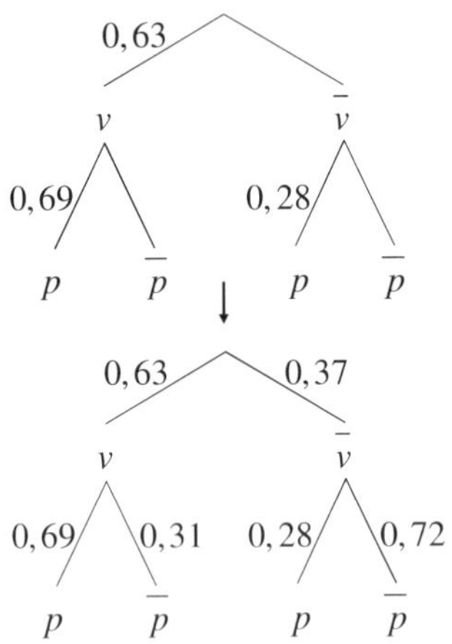

$P(\overline{p}) = P(v\overline{p}) + P(\overline{v}\overline{p})$
$= 0,63 \cdot 0,31 + 0,37 \cdot 0,72$
$= 0,46$</td><td>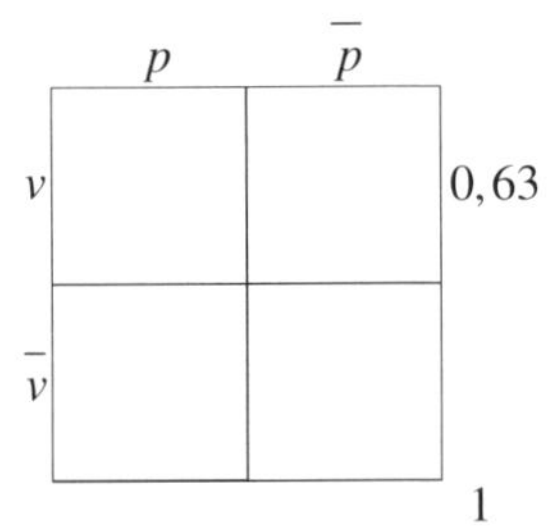

Problem: Die bedingten Wahrscheinlichkeiten können nicht direkt eingetragen werden</td></tr>
</table>

http://frv.tv/4f

Beispiel 2

Die Schulleitung eines beruflichen Gymnasiums erhebt an einem Schultag die folgenden Daten:

40 % der Schüler kamen mit dem Auto in die Schule;
87 % der Schüler erschienen pünktlich im Unterricht;
5 % der Schüler kamen nicht mit dem Auto und erschienen unpünktlich im Unterricht.

Mit welcher Wahrscheinlichkeit trifft man an diesem Schultag zufällig auf einen Schüler, der mit dem Auto in die Schule kam und pünktlich im Unterricht erschien?

Lösung

Bezeichnungen

a: Schüler kam mit Auto; $\overline{a}$: Schüler kam nicht mit Auto
p: Schüler war pünktlich; $\overline{p}$: Schüler war unpünktlich

Gegebene Typen von Wahrscheinlichkeitsangaben

$P(a) = 0{,}4$: Eigenschaftswahrscheinlichkeit (nur Eigenschaft „kam mit Auto")
$P(p) = 0{,}87$: Eigenschaftswahrscheinlichkeit (nur Eigenschaft „kam pünktlich")
$P(\overline{a}\,\overline{p}) = 0{,}05$: Ergebniswahrscheinlichkeit (beide Eigenschaften; von allen Schülern)

Baumdiagramm

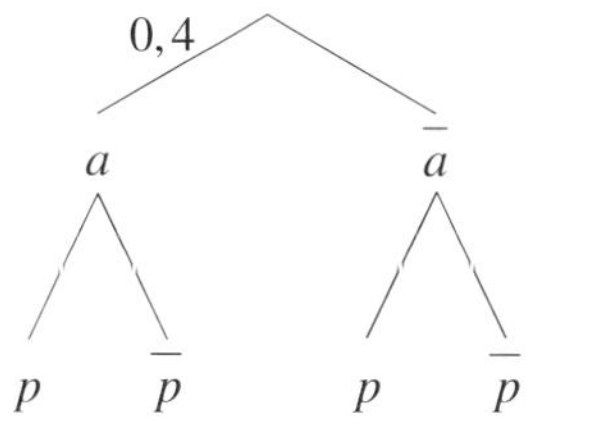

$P(\overline{a}\,\overline{p}) = 0{,}05$

Problem: $P(p) = 0{,}87$ kann nicht direkt eingetragen werden

Besser: Vierfeldertafel

	p	$\overline{p}$	
a			0,40
$\overline{a}$		0,05	
	0,87		1

↓

	p	$\overline{p}$	
a	**0,32**	0,08	0,40
$\overline{a}$	0,55	0,05	0,60
	0,87	0,13	1

$\Rightarrow P(ap) = \mathbf{0{,}32}$

Spezialfall : Unabhängige Eigenschaften

Beispiel (entspricht Beispiel 2 auf S. 123)

Über die Personen, die in einer Stadt wohnen, ist bekannt:
- 41 % der Personen sind groß;
- 52 % der Personen haben dunkles Haar;
- Größe und Haarfarbe sind voneinander unabhängig.

Berechnung (mit den Werten aus der Vierfeldertafel auf S. 123)

$P_g(d) = P_{\bar{g}}(d) = P(d) = 0{,}52$

Interpretation

Es haben also sowohl 52 % aller Personen, als auch aller großen und aller kleinen Personen, dunkles Haar. Für die Wahrscheinlichkeit, dass eine zufällig ausgewählte Person dunkles Haar besitzt, ist somit das Vorwissen, dass diese groß (oder klein) ist, völlig unerheblich. Sie beträgt stets 52 %.

Ergebnis

Bei voneinander **unabhängigen Eigenschaften** ist Vorwissen unerheblich.
Damit werden **bedingte Wahrscheinlichkeiten zu Eigenschaftswahrscheinlichkeiten :**
$\mathbf{P_{\cancel{g}}(d) = P_{\cancel{\bar{g}}}(d) = P(d).}$

Folgen für das Baumdiagramm

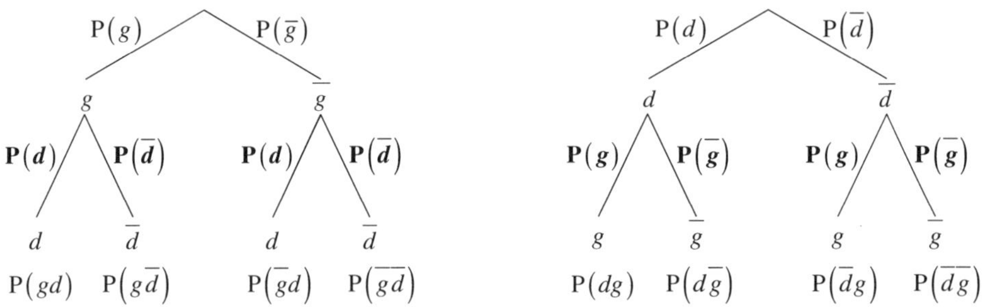

2. Stufe : • **Eigenschaftswahrscheinlichkeiten** statt bedingter Wahrscheinlichkeiten
• **Gleiche Werte** bei beiden Ästen

Beispiel 3

60 % der Bewerber eines Unternehmens sind weiblich. 21 % aller Bewerber werden eingestellt. Außerdem gibt das Unternehmen an, dass die beiden Eigenschaften Einstellungschance und Geschlecht unabhängig voneinander sind.

Ein Bewerber wird zufällig ausgewählt. Mit welcher Wahrscheinlichkeit ist er männlich und wird nicht eingestellt?

Lösung

Bezeichnungen

w: Bewerber ist weiblich; $\overline{w}$: Bewerber ist männlich

e: Bewerber wird eingestellt; $\overline{e}$: Bewerber wird nicht eingestellt

Gegebene Typen von Wahrscheinlichkeitsangaben

$P(w) = 0{,}6$: Eigenschaftswahrscheinlichkeit (nur Eigenschaft „weiblich")

$P(e) = 0{,}21$: Eigenschaftswahrscheinlichkeit (nur Eigenschaft „eingestellt")

Möglich: Baumdiagramm

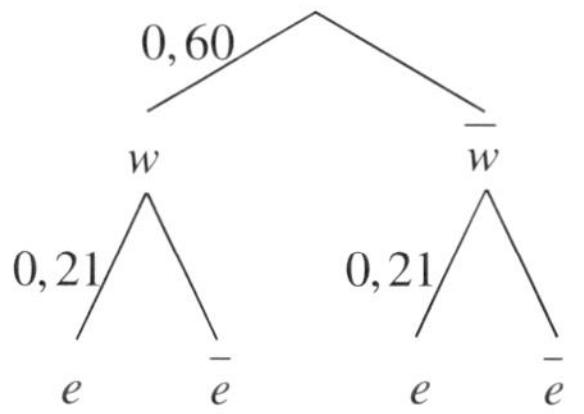

Wegen Unabhängigkeit steht $P(e) = 0{,}21$ auf 2. Stufe bei beiden Ästen.

↓

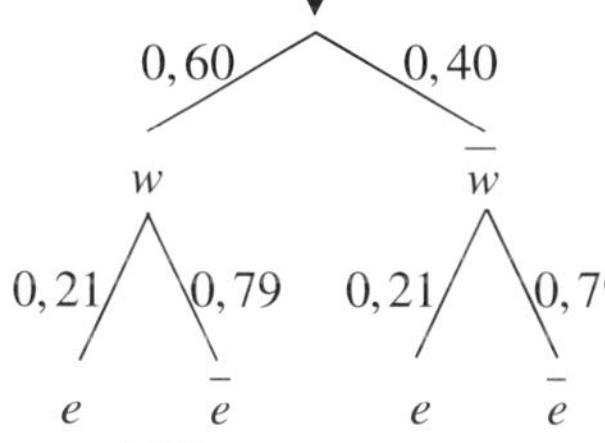

$\Rightarrow P\left(\overline{w}\,\overline{e}\right) = 0{,}4 \cdot 0{,}79 = 0{,}32$

Möglich: Vierfeldertafel

	e	$\overline{e}$	
w			0,60
$\overline{w}$			
	0,21		1

Wegen Unabhängigkeit kann die Regel: **P(außen) · P(außen) = P(innen)** genutzt werden.

↓

	e	$\overline{e}$	
w	0,13 $(= 0{,}60 \cdot 0{,}21)$	0,47 $(= 0{,}60 \cdot 0{,}79)$	0,60
$\overline{w}$	0,08 $(= 0{,}40 \cdot 0{,}21)$	**0,32** $(= 0{,}40 \cdot 0{,}79)$	0,40
	0,21	0,79	1

$\Rightarrow P\left(\overline{w}\,\overline{e}\right) = \mathbf{0{,}32}$

3. Binomialverteilung

3.1 Bernoulli-Formel

Zugrunde liegt ein mehrfach ausgeführtes Bernoulli-Experiment, bei dem …
… nur **zwei mögliche Ergebnisse** („Treffer“ oder „Niete“) eintreten können
und
… sich die **Wahrscheinlichkeiten nicht ändern** (z.B. „Ziehen **mit** Zurücklegen“)

Beispiele: Münzwurf („Kopf“ oder „Zahl“); Mehrfach würfeln („6“ oder „keine 6“); …

Bernoulliformel (allg.)

$$\mathbf{P}_p^n(\mathbf{X}=k)=\binom{n}{k}\cdot p^k\cdot(1-p)^{n-k}$$

n: Anzahl der Versuche (Durchführungen)
k: Anzahl der „Treffer“
p: Wahrscheinlichkeit für einen „Treffer“

Bernoulliformel (in Worten)

$$\text{P}_{\text{Trefferwahrsch.}}^{\text{Anz. Versuche}}(\text{X} = \text{Anz. Treffer}) = \binom{\text{Anz. Versuche}}{\text{Anz. Treffer}} \cdot \text{Trefferwahrsch.}^{\text{Anz. Treffer}} \cdot \text{Nietenwahrsch.}^{\text{Anz. Nieten}}$$

Beispiel 1
Ein Basketballspieler trifft (t) erfahrungsgemäß einen Freiwurf mit einer Wahrscheinlichkeit von 75 %. Er wirft 8 Mal.
Mit welcher Wahrscheinlichkeit trifft er insgesamt 5 Mal (und 3 Mal nicht)?

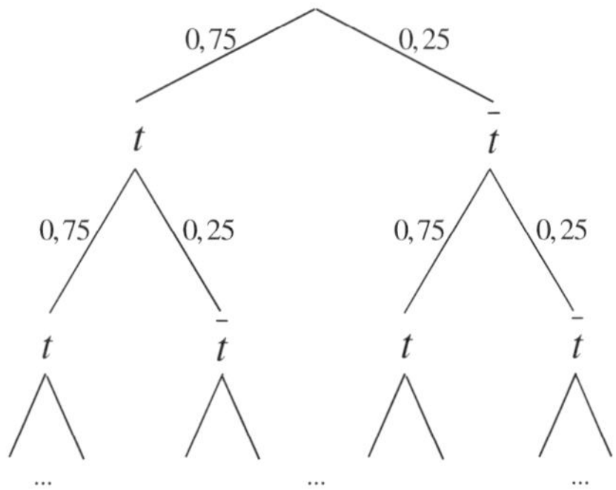

(8 Stufen)
(alle Pfade mit 5 Mal t und 3 Mal $\bar{t}$ relevant)

$$\text{P}_{0,75}^{8}(\text{X}=5)=\binom{8}{5}\cdot 0,75^5\cdot 0,25^3\approx 0,2076$$

Eingabe in WTR (mit Taste nCr):

CASIO

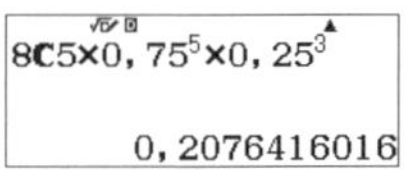

TI

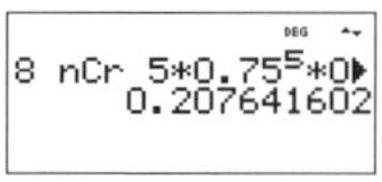

Erläuterungen

- Binomialkoeffizient (allg.): $\binom{n}{k}=\dfrac{n!}{k!\cdot(n-k)!}$
- $n!$ steht für die Fakultät einer Zahl: $n!=n\cdot(n-1)\cdot\ldots\cdot 1$
- $\text{P}_{0,75}^{8}(\text{X}=5)=\binom{8}{5}\cdot 0,75^5\cdot 0,25^3=\dfrac{8!}{5!\cdot(8-5)!}\cdot 0,75^5\cdot 0,25^3=56\cdot 0,00371\approx 0,2078.$

Es gibt also 56 mögliche Reihenfolgen für 5 Treffer unter 8 Schüssen ($ttttt\bar{t}\bar{t}\bar{t}$, $t\bar{t}tttt\bar{t}\bar{t}$, ...), von welchen jede eine Einzelwahrscheinlichkeit von ungefähr $0,00371$ aufweist.

Beispiel 2: Eine faire Münze wird 5 Mal geworfen. Mit welcher Wahrscheinlichkeit erhält man genau 3 Mal „Zahl“? (Lösen ohne WTR)

$$P_{1/2}^{3}(X=3)=\binom{5}{3}\cdot\left(\frac{1}{2}\right)^{3}\cdot\left(\frac{1}{2}\right)^{2}=10\cdot\left(\frac{1}{2}\right)^{5}=10\cdot\frac{1}{32}=\frac{5}{16}$$

$$\left(\text{Nebenrechnung: }\binom{5}{3}=\frac{5!}{3!\cdot(5-3)!}=\frac{5!}{3!\cdot 2!}=\frac{5\cdot4\cdot3\cdot2\cdot1}{(3\cdot2\cdot1)\cdot(2\cdot1)}=\frac{5\cdot4\cdot\cancel{3}\cdot\cancel{2}\cdot\cancel{1}}{(\cancel{3}\cdot\cancel{2}\cdot\cancel{1})\cdot(2\cdot1)}=10\right)$$

Beispiel 3: Ein Bauteil ist mit einer Wahrscheinlichkeit von 4 % defekt. Mit welcher Wahrscheinlichkeit befinden sich in einem Karton mit 50 Bauteilen genau 3 defekte Bauteile?

$$P_{0,04}^{50}(X=3)=\binom{50}{3}\cdot 0{,}04^{3}\cdot 0{,}96^{47}\,(\approx 19600\cdot 0{,}000009396)\approx 0{,}184=18{,}4\,\%$$

(Es gibt also 19600 mögliche Reihenfolgen für 3 defekte unter 50 (nacheinander entnommenen) Bauteilen.)

Beispiel 4

Jonas würfelt 24 Mal.

a) Mit welcher Wahrscheinlichkeit erhält er genau 7 Mal eine 3?

$$P_{1/6}^{24}(X=7)=\binom{24}{7}\cdot\left(\frac{1}{6}\right)^{7}\cdot\left(\frac{5}{6}\right)^{17}\approx 0{,}056$$

b) Mit welcher Wahrscheinlichkeit erhält er genau 10 Mal eine 2 oder eine 3?

$$\left(\text{Wahrscheinlichkeit für 2 oder 3: }\frac{2}{6}\right)$$

$$P(X=10)=\binom{24}{10}\cdot\left(\frac{2}{6}\right)^{10}\cdot\left(\frac{4}{6}\right)^{14}\approx 0{,}114$$

Beispiel 5

Jakob hat einen deformierten Würfel. Die Wahrscheinlichkeit für eine 6 wird mit p bezeichnet. Jakob würfelt 3 Mal.

a) Geben Sie einen Term für die Wahrscheinlichkeit an, dass 2 Mal eine 6 gewürfelt wird.

$$P_{p}^{3}(X=2)=\binom{3}{2}\cdot p^{2}\cdot(1-p)^{1}=3\cdot p^{2}\cdot(1-p)$$

b) Interpretieren Sie die Ungleichung im Sachzusammenhang.

$$p^{3}+3\cdot p^{2}\cdot(1-p)>0{,}95$$

Die Wahrscheinlichkeit dafür, dass 3 Mal oder 2 Mal eine 6 gewürfelt wird, soll mehr als 95% betragen.

3.2 Binomialverteilung und kumulierte Binomialverteilung

Beispiel: Ein Basketballspieler trifft erfahrungsgemäß einen Freiwurf mit einer Wahrscheinlichkeit von 75 %. Er wirft 8 Mal. Die Zufallsgröße X gibt die Anzahl der Treffer an.

Die Wahrscheinlichkeit, dass X einen bestimmten Wert annimmt, kann mit Hilfe der Bernoulliformel (mit $n = 8$ und $p = 0,75$) berechnet werden.
Somit ist die Zufallsgröße X binomial verteilt.

1. Die Binomialverteilung (genau *k* Treffer; P(X = *k*))

eine „Liste", in welcher für jeden möglichen Wert der Zufallsgröße die **zugehörige Wahrscheinlichkeit** steht.

Beispiel: $P(X = 4) \approx 0,0865$

Die Wahrscheinlichkeit für **genau** 4 Treffer beträgt ca. 8,65 %.

(Berechnung mit Bernoulliformel:
$$P^{8}_{0,75}(X = 4) = \binom{8}{4} \cdot 0,75^4 \cdot 0,25^4 \approx 0,0865$$)

CASIO

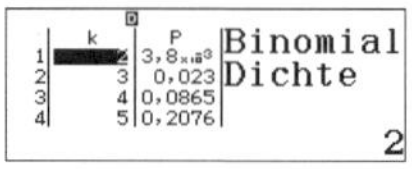

TI

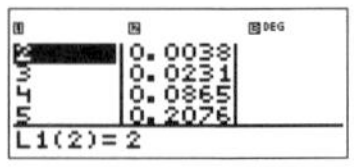

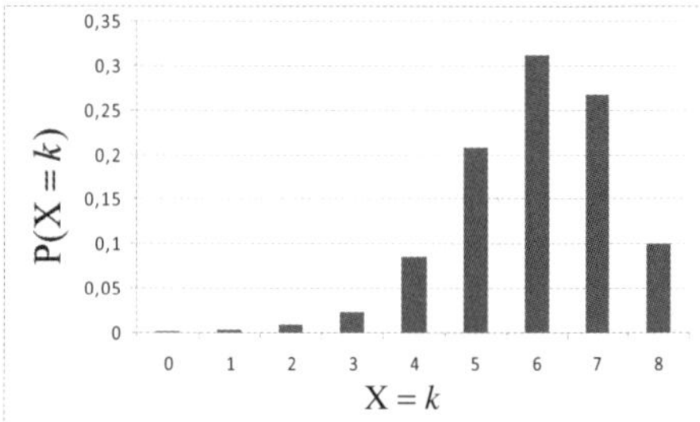

2. Die kumulierte Binomialverteilung (höchstens *k* Treffer; P(X ≤ *k*))

eine „Liste", in welcher für jeden möglichen Wert der Zufallsgröße die **Wahrscheinlichkeit** steht, dass **dieser oder ein geringerer Wert als dieser** (**höchstens** dieser) angenommen wird.

Beispiel: $P(X \leq 4) \approx 0,1138$

Die Wahrscheinlichkeit für 0 bis 4 Treffer (**höchstens** 4 Treffer) beträgt ca. 11,38 %.

(Berechnung:
$P(X \leq 4) = P(X = 0) + P(X = 1) + ... + P(X = 4)$)

CASIO

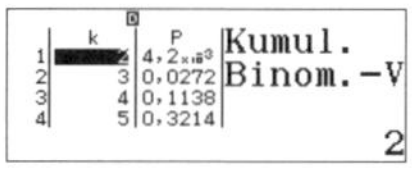

TI

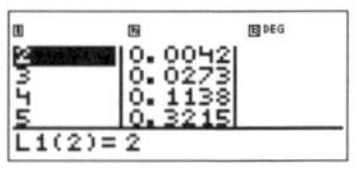

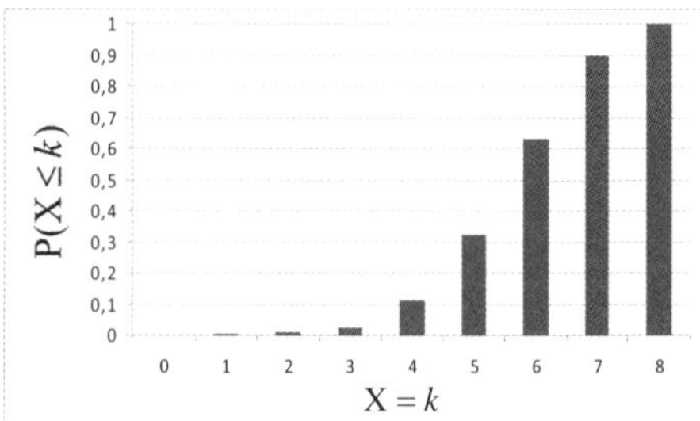

3. Wahrscheinlichkeit für mindestens *k* Treffer P(X ≥ *k*)

Mit welcher Wahrscheinlichkeit trifft der Spieler 4 bis 8 Mal (also **mindestens** 4 Mal)?

Vorgehen mithilfe des **Gegenereignisses** „3 oder weniger Treffer (höchst. 3 Treffer)" und der **kumulierten Verteilung**:

$P(X \geq 4) = 1 - P(X \leq 3) \approx 1 - 0,0273 = 0,9727$

http://frv.tv/6g

Eingabe in den Taschenrechner (WTR)

1. Die Binomialverteilung (genau *k* Treffer; P(X = *k*))

CASIO FX-87DE X

TI-30X Plus MultiView

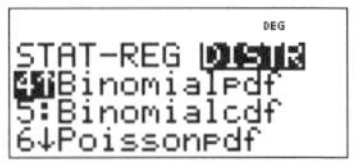

CASIO FX-87DE X – Einzelwert

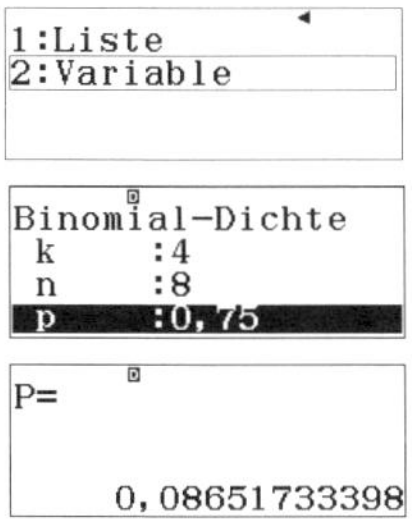

CASIO FX-87DE X – Liste

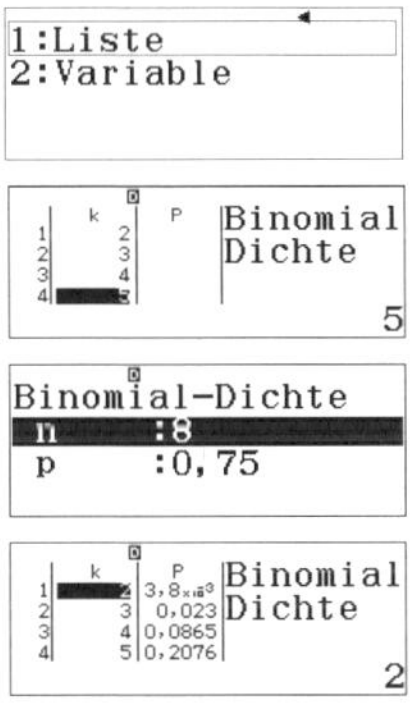

TI-30X Plus MultiView – Einzelwert

TI-30X Plus MultiView – Liste

2. Die kumulierte Binomialverteilung (höchstens *k* Treffer; P(X ≤ *k*))

CASIO FX-87DE X

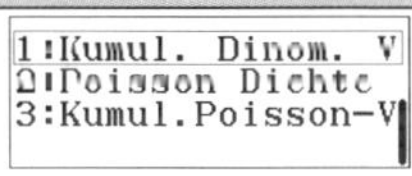

TI-30X Plus MultiView

CASIO FX-87DE X – Einzelwert

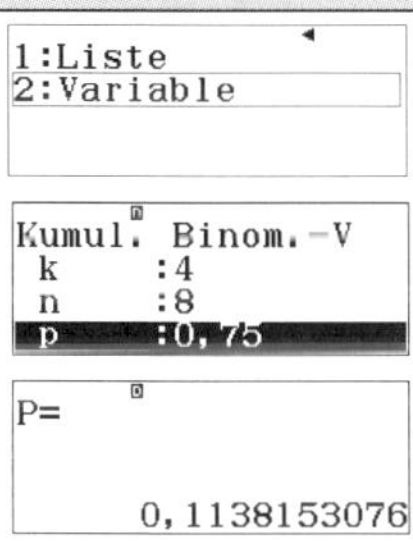

CASIO FX-87DE X – Liste

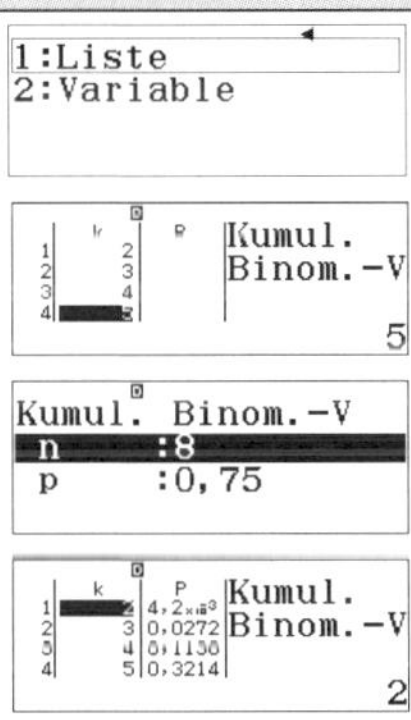

TI-30X Plus MultiView – Einzelwert

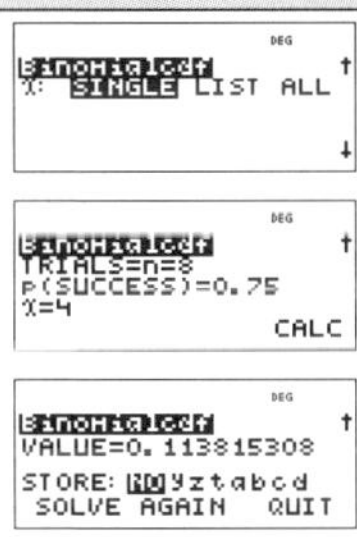

TI-30X Plus MultiView – Liste

3.3 Aufgabentypen

1. Aufgabentyp („gesucht: Gesamtwahrscheinlichkeit (P)")

Beispiel: Eine faire Münze wird 8 Mal geworfen. Wie groß ist die Wahrscheinlichkeit …

a) ... für **genau 3** Mal „Zahl"?

geg. $n = 8$; $p = 0{,}5$; $k = 3$
ges. P

Binomialverteilung (BV)
$P(X = 3) = 0{,}2188$

b) ... für **höchstens** 3 Mal „Zahl"?

geg. $n = 8$; $p = 0{,}5$; $k \leq 3$
ges. P

kumulierte BV
$P(X \leq 3) = 0{,}3633$

c) ... für **mindestens** 3 Mal „Zahl"?

geg. $n = 8$; $p = 0{,}5$; $k \geq 3$
ges. P

kumulierte BV
$P(X \geq 3) = 1 - P(X \leq 2)$
$= 1 - 0{,}1445 = 0{,}8555$

d) ... für **mindestens** 2 Mal **und höchstens** 5 Mal „Zahl"?

kumulierte BV: $P(2 \leq X \leq 5) = P(X \leq 5) - P(X \leq 1) \approx 0{,}8555 - 0{,}0352 \approx 0{,}8203$

2. Aufgabentyp („gesucht: Trefferanzahl (*k*)")

Beispiel: Eine faire Münze wird 8 Mal geworfen. Wie oft muss man …

a) … **(genau)** „Zahl" | **b)** … **höchstens** „Zahl" | **c)** … **mindestens** „Zahl"

erhalten, wenn die Wahrscheinlichkeit hierfür weniger als 15 % betragen soll?

a)

gegeben: $n = 8$; $p = 0{,}5$
Bedingung: $P(X = k) < 0{,}15$
gesucht: k

BV
(Liste für mehrere k-Werte)

$P(X = 0) = 0{,}0039 \leftarrow$
$P(X = 1) = 0{,}0312 \leftarrow$
$P(X = 2) = 0{,}1093 \leftarrow$
$P(X = 3) = 0{,}2187$
$P(X = 4) = 0{,}2734$
$P(X = 5) = 0{,}2187$
$P(X = 6) = 0{,}1093 \leftarrow$
$P(X = 7) = 0{,}0312 \leftarrow$
$P(X = 8) = 0{,}0039 \leftarrow$

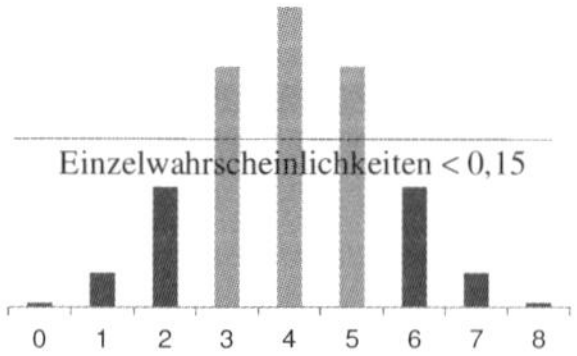

A: 0, 1, 2, 6, 7 oder 8 Mal.

b)

gegeben: $n = 8$; $p = 0{,}5$
Bedingung: $P(X \leq k) < 0{,}15$
gesucht: k

kumulierte BV
(Liste für mehrere k-Werte)

$P(X \leq 1) = 0{,}0352$
$P(X \leq 2) = 0{,}1445 \uparrow$
$P(X \leq 3) = 0{,}3633$
$P(X \leq 4) = 0{,}6367$

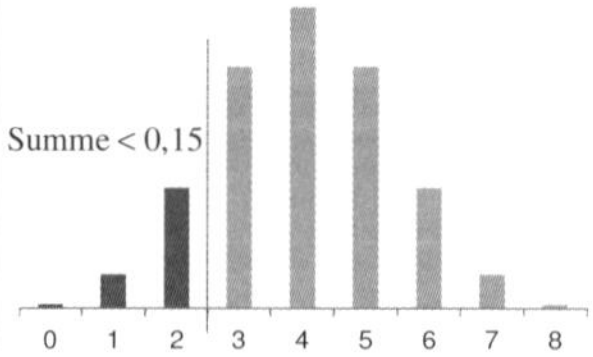

A: 2 Mal oder weniger.

c)

gegeben: $n = 8$; $p = 0{,}5$
Bedingung: $P(X \geq k) < 0{,}15$
gesucht: k

kumulierte BV
(Liste für mehrere k-Werte; Gegenereignis)

$P(X \leq 3) = 0{,}3633 \Rightarrow P(X \geq 4) = 0{,}6367$
$P(X \leq 4) = 0{,}6367 \Rightarrow P(X \geq 5) = 0{,}3633$
$P(X \leq 5) = 0{,}8555 \Rightarrow P(X \geq 6) = 0{,}1445 \downarrow$
$P(X \leq 6) = 0{,}9648 \Rightarrow P(X \geq 7) = 0{,}0352$

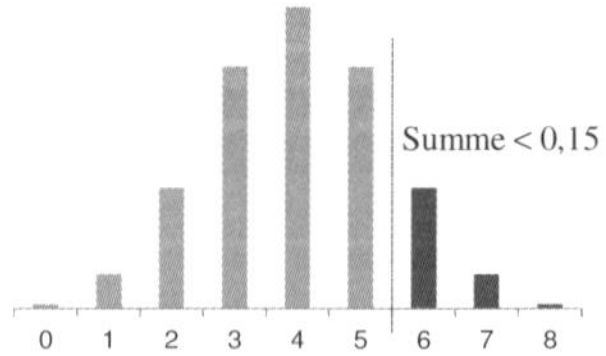

A: 6 Mal oder mehr.

http://frv.tv/6h

3. Aufgabentyp („gesucht: Durchführungshäufigkeit (n)“)

Beispiel: Wie oft muss eine faire Münze geworfen werden, wenn man mit einer Wahrscheinlichkeit von mehr als 25 % ...

a) … **genau** 3 Mal „Zahl“ erhalten möchte?

gegeben: $p = 0,5;\ k = 3$
Bedingung: $P > 0,25$
gesucht: n

BV
(n-Werte probieren)

$n = 4;\quad P(X = 3) \approx 0,25$

$n = 5;\quad P(X = 3) \approx 0,3125$ ↓
$n = 6;\quad P(X = 3) \approx 0,3125$
$n = 7;\quad P(X = 3) \approx 0,2734$ ↑

$n = 8;\quad P(X = 3) \approx 0,2188$

A: 5, 6 oder 7 Mal.

b) … **höchstens** 3 Mal „Zahl“ erhalten möchte?

gegeben: $p = 0,5;\ k \leq 3$
Bedingung: $P > 0,25$
gesucht: n

kumulierte BV
(n-Werte probieren)

$n = 8;\quad P(X \leq 3) \approx 0,3633$
$n = 9;\quad P(X \leq 3) \approx 0,2539$ ↑

$n = 10;\quad P(X \leq 3) \approx 0,1719$
$n = 11;\quad P(X \leq 3) \approx 0,1133$

A: 9 Mal oder weniger.

c) … **mindestens** 3 Mal „Zahl“ erhalten möchte?

gegeben: $p = 0,5;\ k \geq 3$
Bedingung: $P > 0,25$
gesucht: n

kumulierte BV
(n-Werte probieren;
$P(X \leq 2) \leq 0,75 \Rightarrow P(X \geq 3) > 0,25$)

$n = 3;$
$P(X \leq 2) = 0,875 \quad \Rightarrow P(X \geq 3) = 0,125$

↓
$n = 4;$
$P(X \leq 2) = 0,6875 \Rightarrow P(X \geq 3) = 0,3125$
$n = 5;$
$P(X \leq 2) = 0,5 \quad \Rightarrow P(X \geq 3) = 0,5$

A: 4 Mal oder mehr.

4. Aufgabentyp („gesucht: Trefferwahrscheinlichkeit (p)“) (Zusatz)

Beispiel: Eine verbeulte Münze wird 8 Mal geworfen. Die Wahrscheinlichkeit für „Zahl“ beträgt entweder p=0,2 oder p=0,4 oder p=0,6. Welche Werte für p können stimmen, wenn man mit einer Wahrscheinlichkeit von mehr als 25 % ...

a) … **genau** 3 Mal „Zahl“ erhalten möchte?

gegeben: $n = 8;\ k = 3$
Bedingung: $P > 0,25$
gesucht: p

BV
(geg. p-Werte probieren)

$p = 0,2;$
$P(X = 3) \approx 0,1468 \ < 0,25$
$p = 0,4;$
$P(X = 3) \approx 0,2787 \ > 0,25$
$p = 0,6;$
$P(X = 3) \approx 0,1239 \ < 0,25$

A: Für $p = 0,4$.

b) … **höchstens** 3 Mal „Zahl“ erhalten möchte?

gegeben: $n = 8;\ k \leq 3$
Bedingung: $P > 0,25$
gesucht: p

kumulierte BV
(geg. p-Werte probieren)

$p = 0,2;$
$P(X \leq 3) \approx 0,9437 \ > 0,25$
$p = 0,4;$
$P(X \leq 3) \approx 0,5941 \ > 0,25$
$p = 0,6;$
$P(X \leq 3) \approx 0,1737 \ < 0,25$

A: Für $p = 0,2$ o. $p = 0,4$.

c) … **mindestens** 3 Mal „Zahl“ erhalten möchte?

gegeben: $n = 8;\ k \geq 3$
Bedingung: $P > 0,25$
gesucht: p

kumulierte BV
(geg. p-Werte probieren;
$P(X \leq 2) \leq 0,75 \Rightarrow P(X \geq 3) > 0,25$)

$p = 0,2;$
$P(X \leq 2) = 0,7969$
$\Rightarrow P(X \geq 3) = 0,2031 \ < 0,25$
$p = 0,4$
$P(X \leq 2) = 0,3154$
$\Rightarrow P(X \geq 3) = 0,6846 \ > 0,25$
$p = 0,6$
$P(X \leq 2) = 0,0498$
$\Rightarrow P(X \geq 3) = 0,9502 \ > 0,25$

A: Für $p = 0,4$ oder $p = 0,6$.

Beispiel

a) Erfahrungsgemäß sind 4 % der produzierten Smartphones eines Herstellers defekt. Ein Kunde erhält ein Paket mit 50 Smartphones des Herstellers.

Anzahl	Aufgabentyp	Lösung
Wahrscheinlichkeit für genau 3 defekte Smartphones?	**Typ 1 (genau)** geg. $n = 50$ $p = 0,04$ $k = 3$ ges. P	**Binomialverteilung (BV)** $P(X = 3) = 0,1842$
Wahrscheinlichkeit für 2 oder 3 defekte Smartphones?	**Typ 1 (genau)** geg. $n = 50$ $p = 0,04$ $k = 2$ oder 3 ges. P	**BV** $P(X = 2) + P(X = 3)$ $= 0,2762 + 0,1842 = 0,4604$
Wahrscheinlichkeit für mindestens 2 defekte Smartphones?	**Typ 1 (mind.)** geg. $n = 50$ $p = 0,04$ $k \geq 2$ ges. P	**kumulierte BV** $P(X \geq 2) = 1 - P(X \leq 1)$ $= 1 - 0,4005 = 0,5995$
Wahrscheinlichkeit für mehr als 2, aber weniger als 8 defekte Smartphones?	**Typ 1 (mind. / höchst.)** geg. $n = 50$ $p = 0,04$ $2 < k < 8$ ges. P	**kumulierte BV** $P(2 < X < 8) = P(3 \leq X \leq 7)$ $= P(X \leq 7) - P(X \leq 2)$ $= 0,9992 - 0,6767 = 0,3225$

b) Weitere Aufgabenstellungen.

Anzahl	**Aufgabentyp**	**Lösung**
Wie viele defekte Smartphones müsste das Paket enthalten, wenn die Wahrscheinlichkeit hierfür ungefähr 1 % betragen soll?	**Typ 2 (genau)** geg: $n = 50;$ $p = 0,04$ Bed.: $P(X = k) \approx 0,01$ ges.: k	**BV** (Liste für mehrere k-Werte) $P(X = 4) = 0,0902$ $P(X = 5) = 0,0346$ $P(X = 6) = 0,0108 \leftarrow$ $P(X = 7) = 0,0028$ $P(X = 8) = 0,0006$ A: Das Paket müsste also 6 defekte Smartphones enthalten.
Wie viele defekte Smartphones müsste das Paket mindestens enthalten, wenn die Wahrscheinlichkeit hierfür weniger als 5 % betragen soll?	**Typ 2 (mind.)** geg: $n = 50;$ $p = 0,04$ Bed.: $P(X \geq k) < 0,05$ ges.: k	**kumulierte BV** (Liste für mehrere k-Werte; Gegenereignis) $P(X \leq 2) = 0,6767 \Rightarrow P(X \geq 3) = 0,3233$ $P(X \leq 3) = 0,8609 \Rightarrow P(X \geq 4) = 0,1391$ $P(X \leq 4) = 0,9510 \Rightarrow P(X \geq 5) = 0,0490 \downarrow$ $P(X \leq 5) = 0,9856 \Rightarrow P(X \geq 6) = 0,0144$ A: Das Paket müsste also 5 oder mehr defekte Smartphones enthalten.
Wie viele Smartphones des Herstellers müsste der Kunde überprüfen, um mit einer Wahrscheinlichkeit von mehr als 10 % mindestens 4 defekte zu erhalten?	**Typ 3 (mind.)** geg: $p = 0,04$ $k \geq 4$ Bed.: $P > 0,1$ ges.: n	**kumulierte BV** (Mehrere n-Werte probieren; $P(X \leq 3) \leq 0,9 \Rightarrow P(X \geq 4) > 0,1$) $n = 43;$ $P(X \leq 3) = 0,9078 \Rightarrow P(X \geq 4) = 0,0922$ $n = 44;$ $P(X \leq 3) = 0,9016 \Rightarrow P(X \geq 4) = 0,0984$ $n = 45; \downarrow$ $P(X \leq 3) = 0,8953 \Rightarrow P(X \geq 4) = 0,1047$ $n = 46;$ $P(X \leq 3) = 0,8887 \Rightarrow P(X \geq 4) = 0,1113$ A: Der Kunde müsste also 45 oder mehr Smartphones überpüfen.

Anzahl	Aufgabentyp	Lösung
Wie viele Smartphones des Herstellers müsste der Kunde überprüfen, um mit einer Wahrscheinlichkeit von weniger als 70 % höchstens ein defektes zu erhalten?	**Typ 3 (höchst.)** geg: $p=0,04$ $k \leq 1$ Bed.: $P<0,7$ ges.: n	**kumulierte BV** (Mehrere n-Werte probieren) $n=26;\ P(X\leq 1)\approx 0,7208$ $n=27;\ P(X\leq 1)\approx 0,7058$ $n=28;\ P(X\leq 1)\approx 0,6909\ \downarrow$ $n=29;\ P(X\leq 1)\approx 0,6760$ A: Der Kunde müsste also 28 oder mehr Smartphones überpüfen.
Die Defektwahrscheinlichkeit p beträgt nun entweder 11%, 12% oder 13%. Welcher Wert für p kann stimmen, wenn die Wahrscheinlichkeit, dass in einem Paket genau 5 defekt sind, weniger als 15 % betragen soll?	**Typ 4 (genau)** geg: $n=50;$ $k=5$ Bed.: $P<0,15$ ges.: p (Zusatz)	**BV** (gegebene p-Werte probieren) $p=0,11;$ $P(X=5)\approx 0,1801\ >0,15$ $p=0,12;$ $P(X=5)\approx 0,1674\ >0,15$ $p=0,13;$ $P(X=5)\approx 0,1493\ <0,15$ A: Für p=0,13.
Die Defektwahrscheinlichkeit p beträgt nun entweder 11%, 12% oder 13%. Welcher Wert für p kann stimmen, wenn die Wahrscheinlichkeit, dass in einem Paket (nur) höchstens 3 defekt sind, weniger als 10 % betragen soll?	**Typ 4 (höchst.)** geg: $n=50;$ $k\leq 3$ Bed.: $P<0,1$ ges.: p (Zusatz)	**kumulierte BV** (gegebene p-Werte probieren) $p=0,11;$ $P(X\leq 3)\approx 0,1854\ >0,10$ $p=0,12;$ $P(X\leq 3)\approx 0,1345\ >0,10$ $p=0,13;$ $P(X\leq 3)\approx 0,0958\ <0,10$ A: Für p=0,13.

3.4 Erwartungswert und Standardabweichung

Formeln (bei Binomialverteilung)

- **Erwartungswert**
  $\mu = n \cdot p \quad (= E(X))$
- **Standardabweichung**
  $\sigma = \sqrt{n \cdot p \cdot (1-p)}$

n: Anzahl der Versuche (Durchführungen)
p: Wahrscheinlichkeit für einen „Treffer"
(μ: Andere Abkürzung für den Erwartungswert)

Am Beispiel

Ein Basketballspieler trifft erfahrungsgemäß einen Freiwurf mit einer Wahrscheinlichkeit von 75 %. Er wirft 8 Mal. Die Zufallsgröße X gibt die Anzahl der Treffer an.

- **Erwartungswert:** $\mu = 8 \cdot 0{,}75 = 6$

Interpretation: Der Spieler kann durchschnittlich 6 Treffer bei 8 Würfen erwarten.

Grafische Betrachtung

„In der Nähe des Erwartungswertes" befinden sich die Werte von X mit den höchsten Wahrscheinlichkeiten. „Fällt" der Erwartungswert (wie hier) direkt auf einen Wert von X, so liegt an diesem stets die höchste Wahrscheinlichkeit vor.

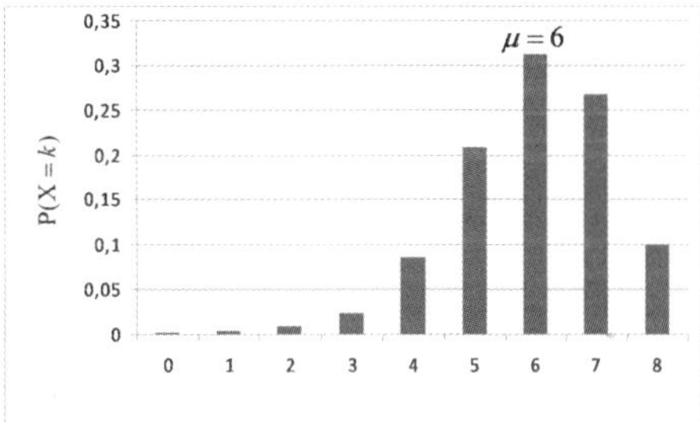

- **Standardabweichung:** $\sigma = \sqrt{8 \cdot 0{,}75 \cdot 0{,}25} \approx 1{,}22$

Interpretation: Die Standardabweichung ist ein Maß dafür, wie stark die Werte der Zufallsgröße um den Erwartungswert streuen, d.h. ob man mit hoher Wahrscheinlichkeit stets einen Wert „in der Nähe des Erwartungswertes" erhält (geringe Standardabw.), oder ob auch Werte „weit ab vom Erwartungswert" wahrscheinlich sind (hohe Standardabw.).

Grafische Betrachtung

Ein höherer Wert der Standardabweichung führt zu einer „breiteren" Verteilung.

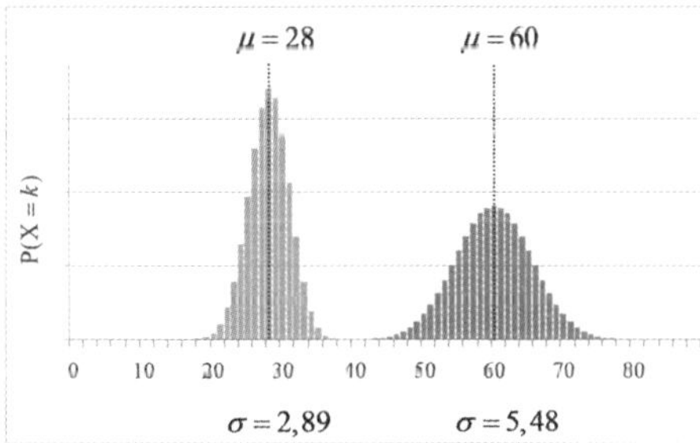

(geringere Standardabw.) (höhere Standardabw.)

http://frv.tv/4j

4. Normalverteilung

4.1 Unterschied zur Binomialverteilung

Um die Normalverteilung zu verstehen ist es sinnvoll, sie mit der (aus dem Vorkapitel) bekannten Binomialverteilung zu vergleichen.

	Binomialverteilung	**Normalverteilung**
Beispiel für Zufallsexperiment und mögliches Ergebnis.	Münze wird 10 mal geworfen. Ergebnis: X = 4 mal Wappen	Messung der Körpergröße einer zufällig ausgewählten männlichen Person. Ergebnis: $X = 174,2364\dots cm$
Welche Werte kann die Zufallsgröße annehmen?	Zufallsgröße gibt gesamte Anzahl an „Treffern“ an und kann somit **nur ganzzahlige Werte** annehmen. Es handelt sich also um eine **diskrete Verteilung**.	Zufallsgröße gibt gemessene Körpergröße an und kann damit **auch „Kommazahlen“** annehmen. Es handelt sich also um eine **stetige Verteilung**.

4.2 Normalverteilung und Gaußsche Glockenkurve

1. Einführung der Gaußschen Glockenkurve am Beispiel

Die Körpergröße, das Gewicht oder die Intelligenz von Menschen ist normalverteilt. Mittlere Werte sind wahrscheinlich, extreme Werte hingegen unwahrscheinlich.

Beispiel: Messung der Körpergröße bei einer zufällig ausgewählten männlichen Person.

Bei der Gaußschen Glockenkurve $\varphi_{\mu;\sigma}$ ($\varphi_{180;10}$) hat der Bereich um den Erwartungswert ($\mu = 180$ cm) die größte Wahrscheinlichkeit.

Die Standardabweichung (hier $\sigma = 10$) bestimmt, wie sehr die Werte um den Erwartungswert streuen und gibt die Breite der Verteilung an.

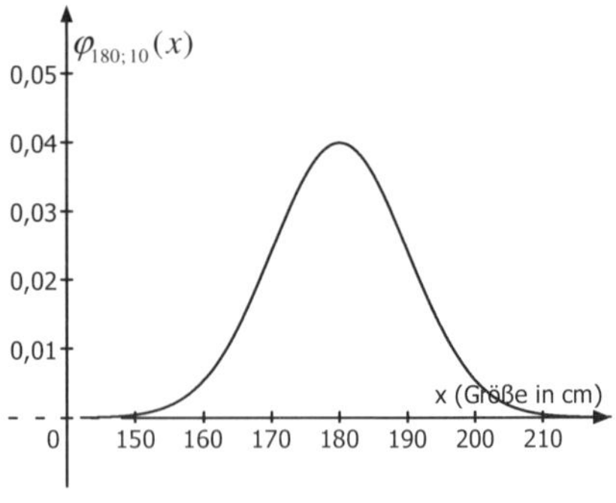

Achtung: Funktionswerte von $\varphi_{\mu;\sigma}$ stellen **nicht die Wahrscheinlichkeiten** der einzelnen Werte dar!

Die Wahrscheinlichkeit (jedes) einzelnen Wertes beträgt 0 %: z.B. P(X = 170) = 0!

Grund: Die Wahrscheinlichkeit, dass jemand, auf unendlich viele Kommastellen genau, 170,000000 …0 cm groß ist, beträgt 0 %.

http://frv.tv/7n

2. Mathematische Merkmale der Gaußschen Glockenkurve

- Bei $x = \mu$ **(Erwartungswert)** hat die Kurve ihr **Maximum**.
  Der **Maximalwert** kann (grob) durch die Formel $\varphi_{\mu;\sigma}(\mu) = \frac{0{,}4}{\sigma}$ berechnet werden.
  Im Beispiel: $\varphi_{180;10}(\mu) = \frac{0{,}4}{\sigma} = \frac{0{,}4}{10} = 0{,}04$
  somit Hochpunkt H(180 | 0,04).
- Die **Wendestellen** der Kurve sind bei $x_1 = \mu - \sigma$ und $x_2 = \mu + \sigma$.
  Im Beispiel:
  $x_1 = 180 - 10 = 170;\ x_2 = 180 + 10 = 190$
- Der Flächeninhalt zwischen Kurve und x-Achse beträgt 1.

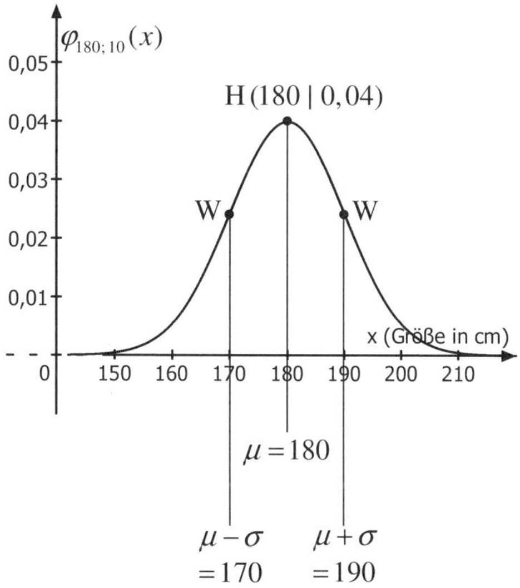

3. Wahrscheinlichkeitsberechungen anhand der Gaußschen Glockenkurve

Über den **Inhalt der Fläche unter der Kurve** können **Wahrscheinlichkeiten** berechnet werden.

$$\mathbf{P(X \le k) = \int_{-\infty}^{k} \varphi_{\mu;\sigma}(x)dx}$$

Beispiel

Wie groß ist die Wahrscheinlichkeit, dass eine zufällig ausgewählte Person höchstens 174 cm groß ist?

$$P(X \le 174) = \int_{-\infty}^{174} \varphi_{180;10}(x)dx \overset{\text{WTR}}{\approx} 0{,}2743$$

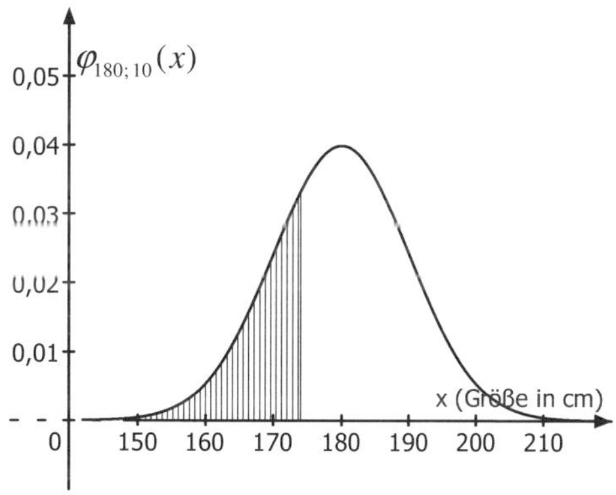

Eingabe in WTR	
Kumulierte Normalverteilung	
Untere Grenze	: −1000
Obere Grenze	: 174
μ	: 180
σ	: 10

4.3 Aufgabentypen

Im Vergleich zur Binomialverteilung ist die Bearbeitung einfacher, da die Eingabe in den Taschenrechner (WTR) komfortabler ist.

Aufgabentypen

Beispiel: Die Körpergröße vom Männern ist näherungsweise normalverteilt mit dem Erwartungswert $\mu = 180$ cm und der Standardabweichung $\sigma = 10$ cm.

Mit welcher Wahrscheinlichkeit ist ein zufällig ausgewählter Mann ...

1. „höchstens *k*" (bzw. „weniger als *k*")	... höchstens 174 cm groß? (bzw. weniger als)
$\mathbf{P(X \leq k)}$ (bzw. $P(X < k)$)	$P(X \leq 174) \overset{\text{WTR}}{\approx} 0{,}2743$

Eingabe in WTR
Kumulierte Normalverteilung
Untere Grenze : −1000
Obere Grenze : 174
μ :180
σ :10

2. „mindestens *k*" (bzw. „mehr als *k*")	... mind. 192 cm groß? (bzw. mehr als)
$\mathbf{P(X \geq k)}$ (bzw. $P(X > k)$)	$P(X \geq 192) \overset{\text{WTR}}{\approx} 0{,}1151$

Eingabe in WTR
Kumulierte Normalverteilung
Untere Grenze :192
Obere Grenze :1000
μ :180
σ :10

3. „mind. k_1 und höchst. k_2" (bzw. „mehr als k_1 und weniger als k_2")	... mind. 183 cm und höchst. 195 cm groß?
$\mathbf{P(k_1 \leq X \leq k_2)}$ (bzw. $P(k_1 < X < k_2)$)	$P(183 \leq X \leq 195) \overset{\text{WTR}}{\approx} 0{,}3153$

Eingabe in WTR
Kumulierte Normalverteilung
Untere Grenze : 183
Obere Grenze : 195
μ :180
σ :10

Wichtige Unterschiede zu den Aufgabentypen bei Binomialverteilung (S. 134)

- Bei Normalverteilung ist der Aufgabentyp $P(X = k)$ **nicht sinnvoll**, da stets $P(X = k) = \mathbf{0}$ gilt (S. 140, jede Einzelwahrscheinlichkeit hat den Wert 0).
- Zudem muss wegen $P(X = k) = 0$ muss **nicht** zwischen $P(X \leq k)$ und $P(X < k)$ **unterschieden** werden.

http://frv.tv/7o

Beispiel

Das Gewicht von auf einer Maschine produzierten Tischtennisbällen ist normalverteilt mit dem Erwartungswert 2,7 g und der Standardabweichung von 0,3 g.

a) Mit welcher Wahrscheinlichkeit wiegt ein zufällig aus der Produktion entnommener Ball mindestens 3 g?

$P(X \geq 3) \overset{\text{WTR}}{\approx} 0{,}1587$

A: Mit einer Wahrscheinlichkeit von 15,87 %.

Eingabe in WTR	
Kumulierte Normalverteilung	
Untere Grenze	: 3
Obere Grenze	: 1000
μ	: 2,7
σ	: 0,3

b) Mit welcher Wahrscheinlichkeit wiegt ein zufällig aus der Produktion entnommener Ball mehr als 3 g?

$P(X > 3) \overset{\text{WTR}}{\approx} 0{,}1587$

A: Mit einer Wahrscheinlichkeit von 15,87 %.

Hinweis: Keine Unterscheidung zwischen „mindestens" und „ mehr als" nötig. Siehe Vorseite.

Eingabe in WTR	
Kumulierte Normalverteilung	
Untere Grenze	: 3
Obere Grenze	: 1000
μ	: 2,7
σ	: 0,3

c) Mit welcher Wahrscheinlichkeit wiegt ein zufällig aus der Produktion entnommener Ball zwischen 3 g und 3,2 g?

$P(3 \leq X \leq 3{,}2) \overset{\text{WTR}}{\approx} 0{,}1109$

A: Mit einer Wahrscheinlichkeit von 11,09 %.

Eingabe in WTR	
Kumulierte Normalverteilung	
Untere Grenze	: 3
Obere Grenze	: 3,2
μ	: 2,7
σ	: 0,3

d) Mit welcher Wahrscheinlichkeit wiegt ein zufällig aus der Produktion entnommener Ball mehr als 2,8 g und höchstens 3 g?

$P(2{,}8 < X \leq 3) \overset{\text{WTR}}{\approx} 0{,}2108$

A: Mit einer Wahrscheinlichkeit von 21,08 %.

Eingabe in WTR	
Kumulierte Normalverteilung	
Untere Grenze	: 2,8
Obere Grenze	: 3
μ	: 2,7
σ	: 0,3

Liebe Schülerinnen und Schüler,

über Fragen oder Anregungen zu den Inhalten dieses Buches freue ich mich sehr.

Stefan Rosner

(stefan_rosner@hotmail.com)